名校名师**精品**系列教材

Office Application of
Excel 2016

Excel
办公应用项目教程

Excel 2016 | 微课版

赖利君 赵守利 ◉ 主编

人民邮电出版社

北 京

图书在版编目（CIP）数据

Excel办公应用项目教程：Excel 2016：微课版 / 赖利君，赵守利主编. -- 北京：人民邮电出版社，2023.3（2024.4重印）
名校名师精品系列教材
ISBN 978-7-115-60423-1

Ⅰ．①E… Ⅱ．①赖…②赵… Ⅲ．①表处理软件－教材 Ⅳ．①TP391.13

中国版本图书馆CIP数据核字(2022)第211580号

内 容 提 要

本书以 Microsoft Excel 2016 为环境，从实际应用出发，以工作项目驱动，将 Excel 软件的学习与实际应用技能有机结合。书中利用大量来源于实际工作的案例，对 Excel 2016 软件的使用进行详细的讲解。

本书以培养职业能力为目标，本着"实践性与应用性相结合""课内与课外相结合""学生与企业、社会相结合"的原则，按工作部门分篇，将实际操作项目引入教学中。每个项目都采用"项目背景"→"项目效果"→"知识与技能"→"解决方案"→"项目小结"→"拓展项目"结构，详细讲解 Excel 软件在行政部、人力资源部、市场部、物流部、财务部等工作部门中的应用。本书结构清晰、新颖，内容应用性强。

本书可作为职业院校学生学习 Excel 相关课程的教材，还可供使用 Excel 软件的人员参考。

◆ 主　　编　赖利君　赵守利
　　责任编辑　马小霞
　　责任印制　王　郁　焦志炜
◆ 人民邮电出版社出版发行　　北京市丰台区成寿寺路 11 号
　　邮编　100164　　电子邮件　315@ptpress.com.cn
　　网址　https://www.ptpress.com.cn
　　固安县铭成印刷有限公司印刷
◆ 开本：787×1092　1/16
　　印张：13.5　　　　　　　　2023 年 3 月第 1 版
　　字数：340 千字　　　　　　2024 年 4 月河北第 2 次印刷

定价：59.80 元

读者服务热线：(010)81055256　印装质量热线：(010)81055316
反盗版热线：(010)81055315
广告经营许可证：京东市监广登字 20170147 号

前言 PREFACE

作为 Microsoft Office 系列办公软件的一个重要组成部分，Excel 是人们日常工作和生活中理想的数据处理工具。它除了具有强大而完善的数据运算功能外，还配备了丰富的函数工具，强大的数据管理、分析工具，数据透视工具，统计工具，辅助决策工具等，被广泛地应用于管理、统计、财会、金融等众多领域。

本书通过项目教学的方式，详细讲解了 Excel 2016 软件的使用方法。希望读者通过本书的学习和练习，可以提高应用 Excel 软件的能力。

1. 本书内容

全书共 5 篇，从大多数公司中具有代表性的工作部门出发，根据各部门的实际工作内容，讲解大量日常工作中实用的商务文档的制作方法。

第 1 篇为行政篇，讲解设计公司会议记录表、会议室管理、文件归档管理、办公用品管理等与行政部相关的典型项目。

第 2 篇为人力资源篇，讲解员工聘用管理、员工培训管理、员工人事档案管理、员工工资管理等与人力资源部相关的典型项目。

第 3 篇为市场篇，讲解商品信息管理、客户信息管理、商品促销管理、销售数据管理等与市场部有关的典型项目。

第 4 篇为物流篇，讲解商品采购管理、商品库存管理、商品进销存管理、物流成本核算等与物流部相关的典型项目。

第 5 篇为财务篇，讲解投资决策分析、本量利分析、往来账务管理、财务报表管理等与财务部相关的典型项目。

2. 体系结构

本书的每个项目都采用"项目背景"→"项目效果"→"知识与技能"→"解决方案"→"项目小结"→"拓展项目"的结构。

（1）项目背景：简明扼要地分析项目的背景资料和要做的工作。

（2）项目效果：展示项目完成后的效果。

（3）知识与技能：提炼项目涉及的知识和技能。

（4）解决方案：将项目分解成若干个任务，给出完成任务的详细操作步骤，并穿插"活力小贴士"栏目来帮助理解。

（5）项目小结：对项目中所用的知识和技能进行归纳总结。

（6）拓展项目：设计让读者能自行完成并能举一反三的项目，加强读者对知识和技能的理解。

3. 本书特色

（1）立德树人，提升素养。

本书全面贯彻党的二十大精神，以社会主义核心价值观为引领，以"价值塑造、能力培养和知识传授"为课程建设目标，通过工作岗位职责和工作内容的设计与运用，将社会主义核心价值观、社会责任和职业素养等元素以润物无声的方式有效地传递给学生，弘扬热爱劳动、热爱工作、热爱岗位、吃苦耐劳、团结协作的职业精神，培养学生修业、敬业、乐业、精业的工匠精神，使学生具备发现问题、解决问题的能力。根据具体的项目任务，在课堂教学中教师可结合下表中的内容对学生进行引导。

序号	项目类别	素养元素
1	行政篇	培养规范、严谨的工作态度和责任心，树立服务意识，倡导高效工作的作风，养成勤俭节约、杜绝浪费的习惯
2	人力资源篇	树立信息保密意识，具有自主学习和终身学习的意识，培养不断学习和适应发展的能力
3	市场篇	了解行业、产业发展需求，把握时代精神，建立可持续发展理念，树立强烈的市场意识，培养诚信经营品质和创新创业精神
4	物流篇	具有一定的管理能力，熟悉相关工作规程，培养严、慎、细、实的职业素养和工匠精神
5	财务篇	树立风控意识、加强成本管理理念，培养诚信、守法、细致的品质，具备实事求是的科学精神，树立财务安全意识和大局意识

（2）校企合作，双元开发。

本书由校企合作开发。编写团队成员多为"双师型"教师，具有企业或行业工作经历，且具有四川省技能人才评价考评员资格，能将企业和行业的工作需求、规范等融入教学实践。本书项目均由编者和长期处于企业和行业一线的人员精选、设计而成。本书以与实际工作有关的项目引领教学，以"实践与应用相结合""课内与课外相结合""学生与企业、社会相结合"为原则，让学生在完成任务的过程中学习相关知识、培养相关技能、提升自身的综合职业素质和能力，真正实现"做中学、学中做"。

（3）产教融合、课证融通。

本书内容对接职业标准和岗位需求，以企业真实案例为素材进行设计及实施，将教学内容与职业技能认证相融合，实现课证融通。

（4）创新形式，配备微课。

本书为新形态立体化教材，针对重点、难点录制微课视频；读者可以利用计算机和移动终端学习，实现线上线下混合式教学。

（5）配套齐全，资源完整。

本书提供丰富的教辅资源，包括 PPT 课件、电子教案、教学大纲、教学案例、拓展案例、拓展训练、案例素材等，并能做到实时更新。读者登录人邮教育社区（www.ryjiaoyu.com）即可下载。

本书项目中使用的数据均为虚拟数据，如有雷同，纯属巧合。

本书由赖利君、赵守利任主编，由马可淳、帅燕、郭智泉、许罗丹任副主编。本书在微课视频的制作和案例整理过程中，得到了赵亦悦的大力支持和帮助，在此衷心感谢！

由于编者水平有限，书中难免有疏漏之处，望广大读者提出宝贵意见。

编　者
2023 年 1 月

目录 *CONTENTS*

第1篇
行政篇

行政管理是企业的"中枢神经系统"，是企业中综合性非常强的一项管理工作。这就要求行政管理人员具有严谨的工作态度和高度的责任心，树立服务意识，积极、主动、高效地进行工作。

本篇从公司行政部的角度出发，选择一些具有代表性的办公文档，以项目的形式介绍 Excel 2016 工作簿的基本操作、工作表的编辑和格式化、公式和函数、超链接等。此外，本篇还将介绍使用 Excel 2016 中的条件格式功能实现高亮提醒、应用数据透视表进行数据统计和分析等内容，读者通过学习、巩固和加强，从而提高对 Excel 软件的应用能力，提高工作效率。

学习目标

知识点
- 工作簿和工作表的基本操作
- 工作表的美化修饰
- 条件格式应用
- 公式和 TODAY、NOW 函数
- 超链接的使用
- 数据透视表

素养点
- 培养规范、严谨的工作态度和责任心
- 树立服务意识，倡导高效工作的作风
- 养成勤俭节约、杜绝浪费的习惯

技能点
- 熟悉 Excel 工作簿的创建、保存和编辑操作
- 熟练进行工作表的编辑和格式化
- 能使用条件格式实现高亮提醒
- 能使用公式和函数进行数据计算处理
- 能熟练使用超链接功能
- 熟练掌握数据透视表的使用

项目1　设计公司会议记录表

示例文件	原始文件：示例文件\素材文件\项目 1\公司会议记录表.xlsx
	效果文件：示例文件\效果文件\项目 1\公司会议记录表.xlsx

1.1.1　项目背景

在公司的行政管理工作中，经常会有大大小小的会议，可通过会议进行某项工作的分配、某个

文件精神的传达或某个议题的讨论等，这就需要制作公司会议记录表来记录会议主题、会议时间、主要内容、形成的决定等。本项目将利用 Excel 2016 制作一份公司会议记录表，主要涉及表格的创建、表格内容的编辑、表格格式的设置等。

1.1.2 项目效果

图 1-1 所示为“公司会议记录表”效果图。

公司会议记录表

会议主题			会议地点		
会议时间		主持人		记录人	
参会人员					
会议内容					
反映的问题		解决方案		执行部门	执行时间
备注					

图 1-1 “公司会议记录表”效果图

1.1.3 知识与技能

- 新建、保存工作簿
- 重命名工作表
- 合并单元格、设置文本对齐方式、设置文本自动换行
- 设置字体、字号
- 设置表格行高、列宽
- 设置表格边框
- 打印预览表格

1.1.4 解决方案

任务 1 新建并保存工作簿

（1）新建工作簿。

① 单击任务栏上的“开始”按钮，从打开的“开始”菜单中选择“Excel 2016”命令，启动

Excel 2016 应用程序。

② 启动 Excel 程序后，在系统给出的模板中单击"空白工作簿"，创建一个名为"工作簿 1"的空白工作簿，如图 1-2 所示。

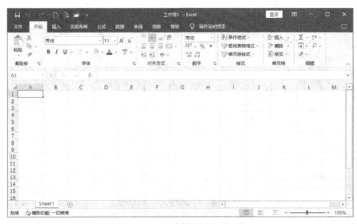

图1-2　新建的空白工作簿

启动 Excel 程序常用的操作方法有如下几种。

① 在任务栏中选择"开始"→"Excel 2016"，启动该软件。

② 双击桌面上的快捷方式图标，如 Excel 2016 。

③ 在任务栏中选择"开始"→"运行"命令，打开图 1-3 所示的"运行"对话框，在"打开"文本框中输入"Excel.exe"，单击"确定"按钮。

图1-3　"运行"对话框

④ 在磁盘上找到安装好的 Excel 程序图标，双击该图标。

⑤ 打开磁盘上已经存在的 Excel 文档，通过文档与程序的关联来启动 Excel。

（2）保存工作簿。

以"公司会议记录表"为名将新建的工作簿保存在"D:\公司文档\行政部\"文件夹中，具体操作步骤如下。

① 选择"文件"→"保存"命令，展开"另存为"选项列表，单击"浏览"选项打开"另存为"对话框。

② 在"另存为"对话框中，默认的保存位置为"库\文档"，在左侧导航窗格中选择"D:\公司文档\行政部"为保存路径，在"文件名"文本框中输入文件名"公司会议记录表"，保存类型为默认的"Excel 工作簿"，即.xlsx 格式文件。设置完成后的"另存为"对话框如图 1-4 所示。

③ 单击"保存"按钮，完成工作簿的保存。

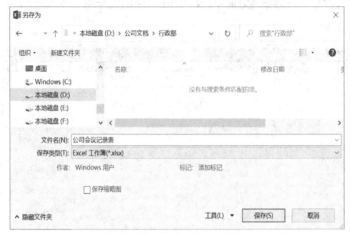

图1-4 "另存为"对话框

**活力
小贴士**

① 保存文件也可以通过单击自定义快速访问工具栏上的"保存"按钮来实现，这样会更加快捷，按钮如图1-5所示。

图1-5 工具栏上的"保存"按钮

② 无论采用哪种操作对文件进行保存，只要是第一次对文件进行保存，总会出现图1-4所示的"另存为"对话框。

③ 为了避免文档内容的丢失，保存操作可以在编辑过程中随时进行，其快捷操作为按"Ctrl+S"组合键。

任务2　重命名工作表

双击"Sheet1"工作表标签，进入标签重命名状态，输入"会议记录"，按"Enter"键确认。

**活力
小贴士**

重命名工作表还有如下的操作方法。

① 选择需要重命名的工作表，单击"开始"→"单元格"→"格式"→"重命名工作表"，输入新的工作表名称，按"Enter"键确认。

② 用鼠标右键单击要重命名的工作表标签，从弹出的快捷菜单中选择"重命名"命令，输入新的工作表名称，按"Enter"键确认。

任务3　输入表格内容

（1）选中A1单元格，输入表格标题"公司会议记录表"。

（2）参照图1-6，输入表格其余内容。

任务 4　合并单元格

（1）选中 A1:F1 单元格区域，单击"开始"→"对齐方式"→"合并后居中"按钮 ，将选中的单元格合并。

（2）分别选中 B2:C2、E2:F2、B4:F4、B5:F5、A6:B6、C6:D6、A7:B7、C7:D7、A8:B8、C8:D8、A9:B9、C9:D9、A10:B10、C10:D10、B11:F11 单元格区域，单击"开始"→"对齐方式"→"合

图1-6　"公司会议记录表"内容

并后居中"下拉按钮，从图 1-7 所示的下拉菜单中选择"合并单元格"命令，将选中的单元格区域合并，合并后的效果如图 1-8 所示。

（3）保存文件。

图1-7　"合并单元格"命令

图1-8　合并后的"公司会议记录表"

任务 5　设置表格的文本格式

（1）设置表格标题格式。将表格标题文字的格式设置为黑体、20 磅，操作如下。

① 选中标题单元格 A1。

② 单击"开始"→"字体"选项组中的按钮，将字体设置为"黑体"、字号设置为"20"。

（2）设置表格内文本的格式。

① 选中 A2:F11 单元格区域。

② 单击"开始"→"字体" 选项组中的按钮，将字体设置为"宋体"、字号设置为"12"。

③ 按住"Ctrl"键，同时选中表格中已输入内容的单元格区域，单击"开始"→"对齐方式"→"居中"按钮 ，将对齐方式设置为水平居中。

④ 按住"Ctrl"键，同时选中 B4、B5、A7:C10、B11 单元格区域，单击"开始"→"对齐方式"→"自动换行"按钮 自动换行，将选中的单元格区域内的文本设置为自动换行。

任务 6　设置表格行高

（1）调整表格标题行的行高。

① 将鼠标指针指向第 1 行和第 2 行的交界处。

② 按住鼠标左键向下拖曳框线至行高标示为"48"处，松开鼠标左键，如图 1-9 所示，调整好的表格标题行的行高为"48"。

微课 1-1　设置表格行高

（2）调整表格中第 2、3、6 行的行高为"25"。

① 选中表格第 2、3、6 行。

② 选择"开始"→"单元格"→"格式"→"行高"命令，打开"行高"对话框，输入行高值"25"，如图 1-10 所示。

图 1-9　拖曳鼠标调整标题行的行高

图 1-10　"行高"对话框

③ 单击"确定"按钮。

（3）按上述操作，调整表格中第 4、7、8、9、10、11 行的行高为"50"。

（4）使用鼠标指针调整第 5 行的行高。

将鼠标指针指向"会议内容"一行的下框线，当鼠标指针变为"$\frac{\ }{\ }$"状态时，按住鼠标左键向下拖曳鼠标，设置"会议内容"一行的行高约为"320"。

设置行高后的表格效果如图 1-11 所示。

任务 7　设置表格列宽

（1）选中表格 A:F 列。

（2）当鼠标指针指向任意两列的列标交界处后双击，被选中的列会根据列中内容的长度自动分配合适的列宽。

任务 8　设置表格边框

将表格内边框线条设置为细实线，外边框线条设置为粗外侧框线。

（1）选中 A2:F11 单元格区域。

（2）单击"开始"→"字体"→"框线"下拉按钮，在下拉菜单中选择"所有框线"命令，如图 1-12 所示。

（3）再次单击"框线"下拉按钮，在打开的下拉菜单中选择"粗外侧框线"命令。

（4）保存文档。

图 1-11　设置行高后的表格效果

图 1-12　设置表格边框

任务 9　打印预览表格

（1）选择"文件"→"打印"命令，显示即将打印的表格的预览效果，如图 1-13 所示。

（2）观察窗口右侧，发现页面右边留有很多空白。此时，可单击右下角的"显示边距"，显示页边距调控点。

（3）根据页面适当增加各列的列宽，使表格布满整个页面，如图 1-14 所示。

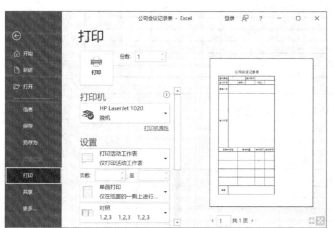

图 1-13　打印预览　　　　　　　　　　图 1-14　在打印预览中调整列宽

1.1.5　项目小结

本项目通过制作"公司会议记录表"，主要介绍新建工作簿、保存工作簿、重命名工作表等创建和编辑 Excel 文档的基本操作。在此基础上，本项目通过介绍合并单元格、设置文本对齐方式、设置文本自动换行、设置字体和字号、调整表格行高和列宽、设置表格边框等操作，让读者可以学习表格编辑和格式化常用的操作方法；通过介绍在打印预览中对表格进行进一步设置，让读者可以制作出一份美观、实用的表格。

1.1.6　拓展项目

1. 制作公司文件传阅单

公司文件传阅单效果如图 1-15 所示。

2. 制作公司收文登记表

公司收文登记表效果如图 1-16 所示。

3. 制作来访登记表

来访登记表效果如图 1-17 所示。

科源有限公司文件传阅单

来文单位		收文时间		文号		份数	
文件标题							
传阅时间	领导姓名		阅退时间		领导阅文批示		
备注							

图 1-15　公司文件传阅单

公司收文登记表

收文日期			编号	来文单位	来文原号	秘密性质	件数	文件标题或事由	附件	处理情况	归档号	备注
年	月	日										
收文机关：						收文人员签字：						

图 1-16　公司收文登记表

科源有限公司
来访登记表

日期	来访时间	来访人姓名	证件登记	联系部门	来访事由	来访人签字	来访人联系方式	接待人签字	备注

图 1-17　来访登记表

项目 2　会议室管理

示例文件	原始文件：示例文件\素材文件\项目 2\公司会议室使用安排表.xlsx
	效果文件：示例文件\效果文件\项目 2\公司会议室使用安排表.xlsx

1.2.1　项目背景

在各企业、事业单位的日常工作中，往往会定期或不定期使用会议室召开会议，传达相关事宜。

为确保合理、有效地使用会议室，使用会议室的部门应该提前向行政部提出申请，说明使用时间和需求，行政部则依此确定相应的会议室使用安排。为了协调各部门的申请，提高会议室的使用效率，行政部可以制作 Excel 提醒表。本项目通过制作"公司会议室使用安排表"，来介绍 Excel 2016 在会议室管理方面的应用。

1.2.2　项目效果

图 1-18 所示为"公司会议室使用安排表"效果图。

公司会议室使用安排表

日期	时间段		使用部门	会议主题	会议地点	备注
2022-8-22	上午	8:30　10:30	行政部	总经理办公会	公司1会议室	
	下午	14:30　16:00	人力资源部	人事工作例会	公司3会议室	
		14:30　15:30	财务部	财务经济运行分析会	公司2会议室	
2022-8-23	上午	8:30　11:00	人力资源部	新员工面试	公司1会议室	
	下午	14:00　15:00	行政部	1号楼改造方案确定会	公司3会议室	
		15:30　17:30	行政部	质量认证体系培训	多功能厅	
2022-8-24	上午	10:00　11:30	市场部	合同谈判	公司1会议室	
	下午	14:30　16:30	财务部	预算管理知识学习	多功能厅	
2022-8-25	上午	9:00　11:00	物流部	物资采购协调会	公司2会议室	
	下午	15:30　16:30	市场部	8月销售总结	公司3会议室	
2022-8-26	上午	9:00　12:00	人力资源部	新员工培训	多功能厅	
	下午	14:00　17:00	人力资源部	新员工培训	多功能厅	

图 1-18　公司会议室使用安排表

1.2.3　知识与技能

- 新建工作簿
- 重命名工作表
- 设置单元格格式
- 工作表格式设置
- 条件格式的应用
- TODAY 函数、NOW 函数的使用
- 取消显示网格线

1.2.4　解决方案

任务 1　新建工作簿，重命名工作表

（1）启动 Excel 2016，新建一个空白工作簿。

（2）将新建的工作簿重命名为"公司会议室使用安排表"，并将其保存在"D:\公司文档\行政部"文件夹中。

（3）将"公司会议室使用安排表"工作簿中的"Sheet1"工作表重命名为"重大会议日程安排提醒表"。

任务 2　创建"重大会议日程安排提醒表"

（1）在"重大会议日程安排提醒表"中输入工作表标题。在 A1 单元格中输入"公司会议室使用安排表"。

（2）输入表格中字段的标题。在 A2:H2 单元格区域中分别输入表格各个字段的标题，如图 1-19 所示。

图 1-19　重大会议日程安排提醒表标题

任务 3　输入会议室使用安排

参照图 1-20，在"重大会议日程安排提醒表"中输入会议室使用的相关信息。

	A	B	C	D	E	F	G	H
1	公司会议室使用安排表							
2	日期	时间段			使用部门	会议主题	会议地点	备注
3	2022-8-22	上午	2022-8-22 8:30	2022-8-22 10:30	行政部	总经理办公会	公司1会议室	
4		下午	2022-8-22 14:30	2022-8-22 16:00	人力资源部	人事工作例会	公司3会议室	
5			2022-8-22 14:30	2022-8-22 15:30	财务部	财务经济运行分析会	公司2会议室	
6	2022-8-23	上午	2022-8-23 8:30	2022-8-23 11:00	人力资源部	新员工面试	公司1会议室	
7		下午	2022-8-23 14:00	2022-8-23 15:00	行政部	1号楼改造方案确定会	公司3会议室	
8			2022-8-23 15:30	2022-8-23 17:30	行政部	质量认证体系培训	多功能厅	
9	2022-8-24	上午	2022-8-24 9:00	2022-8-24 11:00	市场部	合同谈判	公司1会议室	
10		下午	2022-8-24 14:30	2022-8-24 16:30	财务部	预算管理知识学习	多功能厅	
11	2022-8-25	上午	2022-8-25 9:00	2022-8-25 11:00	物流部	物资采购协调会	公司2会议室	
12		下午	2022-8-25 15:30	2022-8-25 16:30	市场部	8月销售总结	公司3会议室	
13	2022-8-26	上午	2022-8-26 9:00	2022-8-26 12:00	人力资源部	新员工培训	多功能厅	
14		下午	2022-8-26 14:00	2022-8-26 17:00	人力资源部	新员工培训	多功能厅	

图 1-20　会议室使用的相关信息

> **活力小贴士**　　本项目以"2022-8-23"作为当前系统的日期，故"公司会议室使用安排表"包含"2022-8-22"至"2022-8-26"这一周的日程。若读者想要实现其他效果，请适当修改日期。

任务 4　合并单元格

（1）将表格标题单元格合并后居中。

① 选中 A1:H1 单元格区域。

② 单击"开始"→"对齐方式"→"合并后居中"按钮 合并后居中，将选中的单元格合并。

> **活力小贴士**　　合并单元格的操作还有：选中要合并的单元格区域，单击"开始"→"单元格"→"格式"按钮，打开图 1-21 所示的"格式"下拉菜单，选择"设置单元格格式"命令，打开"设置单元格格式"对话框，打开"对齐"选项卡，如图 1-22 所示。勾选"文本控制"中的"合并单元格"复选框。若要实现"合并后居中"，可再从"水平对齐"下拉列表中选择"居中"。

（2）合并字段标题 B2:D2 单元格区域。

（3）分别合并 A3:A5、A6:A8、A9:A10、A11:A12、A13:A14、B4:B5、B7:B8 单元格区域，如图 1-23 所示。

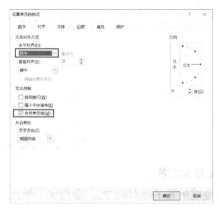

图1-21 "格式"下拉菜单 　　图1-22 "设置单元格格式"对话框中的"对齐"选项卡

	A	B	C	D	E	F	G	H
1				公司会议室使用安排表				
2	日期		时间段		使用部门	会议主题	会议地点	备注
3		上午	8:30	10:30	行政部	总经理办公会	公司1会议室	
4	2022-8-22	下午	14:30	16:00	人力资源部	人事工作例会	公司3会议室	
5			14:30	15:30	财务部	财务经济运行分析会	公司2会议室	
6		上午	8:30	11:00	人力资源部	新员工面试	公司1会议室	
7	2022-8-23	下午	14:00	15:00	行政部	1号楼改造方案确定会	公司3会议室	
8			15:30	17:30	行政部	质量认证体系培训	多功能厅	
9		上午	10:00	11:30	市场部	合同谈判	公司1会议室	
10	2022-8-24	下午	14:30	16:30	财务部	预算管理知识学习	多功能厅	
11		上午	9:00	11:00	物流部	物资采购协调会	公司2会议室	
12	2022-8-25	下午	15:30	16:30	市场部	8月销售总结	公司3会议室	
13		上午	9:00	12:00	人力资源部	新员工培训	多功能厅	
14	2022-8-26	下午	14:00	17:00	人力资源部	新员工培训	多功能厅	

图1-23 合并单元格

任务5 设置单元格时间格式

（1）选中 C3:D14 单元格区域。

（2）单击"开始"→"数字"→"数字格式"按钮，打开"设置单元格格式"对话框。

（3）在"数字"选项卡中，选择"分类"列表中的"时间"，选择"类型"列表中的"13:30"，如图 1-24 所示。

（4）单击"确定"按钮，完成单元格的时间格式设置，如图 1-25 所示。

图1-24 设置时间格式

图1-25　设置时间格式后的表格

任务 6　设置文本格式

（1）设置表格标题的字体格式。设置 A1 单元格的字体为"华文行楷"、字号为"24"。

（2）设置表格字段标题的格式。设置 A2:H2 单元格区域的字体为"宋体"、字号为"16"、字形为"加粗"、对齐方式为"居中"。

（3）设置其余文本格式。设置 A3:H14 单元格区域的字体为"宋体"、字号为"14"；设置 A3:D14 单元格区域的对齐方式为"居中"。

任务 7　设置行高和列宽

（1）设置行高。

① 将第 1 行行高设置为"45"。

② 将第 2 行行高设置为"30"。

③ 将第 3~14 行行高设置为"28"。

（2）设置列宽。

分别将鼠标指针移至表格各列的列标交界处，当鼠标指针变成双向箭头状"✥"时，双击，Excel 将会自动调整列宽。

任务 8　设置表格边框

为 A2:H14 单元格区域设置图 1-26 所示的内细外粗的边框。

图1-26　设置表格边框

任务 9　使用条件格式设置高亮提醒

利用条件格式的功能，我们可以将过期的会议室安排与预定的会议室安排用不同的颜色区分开来，做到更直观地了解会议室的使用情况。

这里，我们主要通过 Excel 的条件格式功能判断"日期"和"时间段"，即会议室的实际使用日期和时间是否已经超过了当前的日期和时间。若超过，则字体显示为蓝色加删除线，且单元格背景显示为浅绿色；若未超过，则单元格背景显示为黄色。

（1）设置"日期"高亮提醒。

① 选中 A3:A13 单元格区域。

② 设置超过当前日期的日期的条件格式。

a. 选择"开始"→"样式"→"条件格式"→"突出显示单元格规则"→"小于"命令，如图 1-27 所示。

微课 1-2 设置
"日期"高亮提醒

b. 打开"小于"对话框，设置对比值为"=TODAY()"，如图 1-28 所示。单击"设置为"列表框，从下拉列表中选择"自定义格式"，如图 1-29 所示，打开"设置单元格格式"对话框。

图 1-27 选择条件格式的规则

图 1-28 设置"小于"规则的对比值

图 1-29 设置满足条件的单元格的格式

> **活力
> 小贴士**
>
> TODAY 函数说明如下。
> ① 功能：返回系统当前日期（本项目当前日期设置为 2022 年 8 月 23 日）。
> ② 语法：TODAY()。
> ③ 注意：使用该函数时不需要输入参数。

c. 打开"字体"选项卡，单击"颜色"列表框，在弹出的颜色面板的标准色中选择"蓝色"，勾选"特殊效果"下方的"删除线"复选框，如图 1-30 所示。

d. 打开"填充"选项卡，从"单元格底纹颜色"中选择"浅绿"，如图 1-31 所示，再单击"确定"按钮返回到"小于"对话框，最后单击"确定"按钮返回工作表。

图 1-30　"设置单元格格式"对话框中的"字体"选项卡

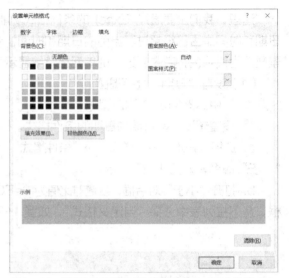

图 1-31　"设置单元格格式"对话框中的"填充"选项卡

③ 设置未超过当前日期的日期的条件格式。

a. 选择"开始"→"样式"→"条件格式"→"管理规则"命令，打开图 1-32 所示的"条件格式规则管理器"对话框，在对话框中可显示之前添加的条件格式。

b. 单击"新建规则"按钮，打开"新建格式规则"对话框。在"选择规则类型"列表中选择"只为包含以下内容的单元格设置格式"选项，在"编辑规则说明"区域中，第 1 个选项为默认值，单击第 2 个列表框，在弹出的下拉列表中选择"大于或等于"，在第 3 个选项中输入"=TODAY()"，如图 1-33 所示。

图 1-32　"条件格式规则管理器"对话框

图 1-33　"新建格式规则"对话框

c. 单击"格式"按钮，打开"设置单元格格式"对话框，切换到"填充"选项卡，选中"黄色"，如图 1-34 所示。

d. 单击"确定"按钮，返回"新建格式规则"对话框，可预览设置的格式，如图 1-35 所示。

e. 单击"确定"按钮，返回"条件格式规则管理器"对话框，可见到新添加的规则，如图 1-36 所示。

f. 单击"确定"按钮，完成条件格式的设置。

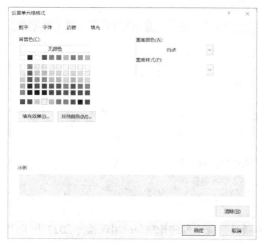

图1-34　设置新建规则的填充格式

图1-35　返回"新建格式规则"对话框

图1-36　返回"条件格式规则管理器"对话框

此时，系统将根据条件格式里设置的条件，判断表格里的日期是否超过当前日期。若超过，则单元格背景显示为浅绿色，单元格里的日期显示为蓝色加删除线；若未超过，则单元格背景显示为黄色，如图1-37所示。

公司会议室使用安排表						
日期	时间段		使用部门	会议主题	会议地点	备注
2022-8-22	上午	8:30 10:30	行政部	总经理办公会	公司1会议室	
	下午	14:30 16:00	人力资源部	人事工作例会	公司3会议室	
		14:30 15:30	财务部	财务经济运行分析会	公司2会议室	
2022-8-23	上午	8:30 11:00	人力资源部	新员工面试	公司1会议室	
	下午	14:00 15:00	行政部	1号楼改造方案确定会	公司3会议室	
		15:30 17:30	行政部	质量认证体系培训	多功能厅	
2022-8-24	上午	10:00 11:30	市场部	合同谈判	公司1会议室	
	下午	14:30 16:30	财务部	预算管理知识学习	多功能厅	
2022-8-25	上午	9:00 11:00	物流部	物资采购协调会	公司2会议室	
	下午	15:30 16:30	市场部	8月销售总结	公司3会议室	
2022-8-26	上午	9:00 12:00	人力资源部	新员工培训	多功能厅	
	下午	14:00 17:00	人力资源部	新员工培训	多功能厅	

图1-37　设置条件格式后的"日期"

（2）设置"时间段"高亮提醒。

① 选中C3:D14单元格区域。

② 按设置"日期"条件格式的操作方法，设置"时间段"条件格式，不同的是设置"时间段"高亮提醒中应用的公式为"=NOW()"，如图1-38所示。

微课1-3　设置"时间段"高亮提醒

图 1-38 设置后的"时间段"条件格式

 活力小贴士

NOW 函数说明如下。

① 功能：返回系统当前日期和时间（本项目系统中当前日期和时间设置为 2022 年 8 月 23 日 16:30）。

② 语法：NOW()。

③ 注意：使用该函数时不需要输入参数。

③ 单击"确定"按钮，得到图 1-39 所示的表格。

日期	时间段			使用部门	会议主题	会议地点	备注
2022-8-22	上午	8:30	10:30	行政部	总经理办公会	公司1会议室	
	下午	14:30	16:00	人力资源部	人事工作例会	公司3会议室	
		14:30	15:30	财务部	财务经济运行分析会	公司2会议室	
2022-8-23	上午	8:30	11:00	人力资源部	新员工面试	公司1会议室	
	下午	14:00	15:00	行政部	1号楼改造方案确定会	公司3会议室	
		15:30	17:30	行政部	质量认证体系培训	多功能厅	
2022-8-24	上午	10:00	11:30	市场部	合同谈判	公司1会议室	
	下午	14:30	16:30	财务部	预算管理知识学习	多功能厅	
2022-8-25	上午	9:00	11:00	物流部	物资采购协调会	公司2会议室	
	下午	15:30	16:30	市场部	8月销售总结	公司3会议室	
2022-8-26	上午	9:00	12:00	人力资源部	新员工培训	多功能厅	
	下午	14:00	17:00	人力资源部	新员工培训	多功能厅	

图 1-39 设置条件格式后的"时间段"

任务 10 取消显示网格线

Excel 默认情况下会显示灰色的网格线，而这个网格线会对显示效果产生较大的影响。若去掉网格线会使人的视觉重点落到工作表的内容上。

（1）选中"重大会议日程安排提醒表"工作表。

（2）单击"视图"选项卡，在"显示"选项组中，取消勾选"网格线"复选框，设置后的表格如图 1-18 所示。

1.2.5 项目小结

本项目通过制作"公司会议室使用安排表"，主要介绍了工作簿的创建、工作表重命名、设置单元格格式、设置工作表格式、条件格式的应用等。这里重点介绍了使用函数 TODAY 和 NOW 分别判断"日期"和"时间段"是否已经超过了当前的日期和时间。此外，为增强表格的显示效果，本项目还介绍了如何取消工作表中的网格线。

1.2.6 拓展项目

1. 制作工作日程安排表

工作日程安排表如图 1-40 所示。

工作日程安排表

日期	时间	工作内容	地点	参与人员
2022-8-13	9:00	OA系统升级方案	第1会议室	各部门主管
2022-8-15	8:30	绩效方案初步讨论	第2会议室	董事长、副总、部门主管
2022-8-16	14:00	客户接待	锦城宾馆	行政部、市场部
2022-8-19	10:00	现有信息平台流程的改进	行政部	方志成、李新、余致
2022-8-20	9:30	策划活动执行方案	第3会议室	行政部、市场部、财务部
2022-8-23	15:00	员工福利制度的确定	第2会议室	总经理、人力资源部、部门主管
2022-8-25	10:30	公司劳动纪律检查、整顿	第1会议室	人力资源部、部门主管
2022-8-26	8:30	新员工培训	多功能厅	人力资源部、新员工
2022-8-28	9:00	公司上半年工作总结	多功能厅	全体员工
2022-9-1	14:30	岗位职责的修定	第3会议室	部门主管
2022-9-3	11:00	办公用品分发	行政部库房	各部门主管、王利、彭诗琪

图 1-40　工作日程安排表

2. 在工作日历中突显周休日

图 1-41 所示为工作日历。

3. 制作员工生日提醒表

图 1-42 所示为员工生日提醒表。

工作日历

日期	时间	工作内容	地点	参与人员
2022-8-13	9:00	OA系统升级方案	第1会议室	各部门主管
2022-8-15	8:30	绩效方案初步讨论	第2会议室	董事长、副总、部门主管
2022-8-16	14:00	客户接待	锦城宾馆	行政部、市场部
2022-8-19	10:00	现有信息平台流程的改进	行政部	方志成、李新、余致
2022-8-20	9:30	策划活动执行方案	第3会议室	行政部、市场部、财务部
2022-8-23	15:00	员工福利制度的确定	第2会议室	总经理、人力资源部、部门主管
2022-8-25	10:30	公司劳动纪律检查、整顿	第1会议室	人力资源部、部门主管
2022-8-26	8:30	新员工培训	多功能厅	人力资源部、新员工
2022-8-28	9:00	公司上半年工作总结	多功能厅	全体员工
2022-9-1	14:30	岗位职责的修订	第3会议室	部门主管
2022-9-3	11:00	办公用品分发	行政部库房	各部门主管、王利、彭诗琪

图 1-41　在工作日历中突显周休日

姓名	部门	性别	出生日期
方成建	市场部	男	1970-9-9
桑南	人力资源部	女	1982-11-4
何宇	市场部	男	1974-8-5
刘光利	行政部	女	1969-7-24
钱新	财务部	女	1973-10-19
曾科	财务部	男	1985-6-20
李莫薷	物流部	女	1980-11-29
周苏嘉	行政部	女	1979-5-21
黄雅玲	市场部	女	1981-9-8
林菱	市场部	女	1983-4-29
司马意	行政部	男	1973-9-23
令狐珊	物流部	女	1968-6-27
慕容勤	财务部	男	1984-2-10
柏国力	人力资源部	男	1967-3-13
周谦	物流部	男	1990-9-24
刘民	市场部	男	1969-8-2
尔阿	物流部	男	1984-5-25
夏蓝	人力资源部	女	1988-5-15
皮桂华	行政部	女	1969-2-26
段齐	人力资源部	男	1968-4-5
费乐	财务部	女	1986-12-1
高亚玲	行政部	女	1978-2-16
苏洁	市场部	女	1980-9-30
江宽	人力资源部	男	1975-5-7
王利伟	市场部	男	1978-10-12

图 1-42　员工生日提醒表

项目 3　文件归档管理

示例文件	原始文件：示例文件\素材文件\项目 3\文件归档管理表.xlsx
	效果文件：示例文件\效果文件\项目 3\文件归档管理表.xlsx

1.3.1　项目背景

　　行政管理工作会涉及大量的文档。因此，在日常工作中首先要做好文档的分类管理，其次需要能快速、准确地搜索到文档的存放位置，并方便、快捷地打开所需文档。本项目将制作一个"文件归档管理表"，利用 Excel 2016 的超链接功能来实现对文件夹的快速访问，以及通过超链接快速打开所需要的文档，提高日常工作效率。

1.3.2　项目效果

　　文件归档管理表效果如图 1-43 所示。

类别	文件编号	文件名称
管理标准	KY-GL-001	文书归档管理规程
	KY-GL-002	档案管理规程
	KY-GL-003	办公用品管理规程
	KY-GL-004	考勤管理规程
	KY-GL-005	培训管理规程
	KY-GL-006	绩效考评管理规程
岗位职责	KY-ZZ-001	总经理岗位职责
	KY-ZZ-002	管理总监工作职责
	KY-ZZ-003	营销总监工作职责
	KY-ZZ-004	行政部主管工作职责
	KY-ZZ-005	人力资源部主管工作职责
	KY-ZZ-006	市场部主管工作职责
	KY-ZZ-007	物流部主管工作职责
	KY-ZZ-008	财务部主管工作职责
记录	KY-JL-001	会议记录表
	KY-JL-002	收文登记表
	KY-JL-003	来访登记表
	KY-JL-004	员工简历表
	KY-JL-005	员工面试记录表
	KY-JL-006	员工转正申请表
	KY-JL-007	应聘人员登记表
	KY-JL-008	薪资变动表
	KY-JL-009	出差申请表
其他事务性文件	KY-QT-001	办公用品领用记录
	KY-QT-002	印签管理记录表
	KY-QT-003	传真收发登记表
	KY-QT-004	邮件收发记录

图 1-43　文件归档管理表

1.3.3　知识与技能

- 创建工作簿、保存工作簿
- 合并单元格、设置文本对齐方式
- 设置字体、字号
- 设置行高
- 设置表格边框
- 设置超链接

1.3.4　解决方案

任务 1　创建并保存工作簿

（1）启动 Excel 2016，新建一个空白工作簿。

（2）将创建的工作簿以"文件归档管理表"为名保存在"D:\公司文档\行政部"文件夹中。

任务 2　创建"文件归档管理表"

（1）创建图 1-44 所示的"文件归档管理表"框架。

（2）输入整理好的文件编号和文件名称，如图 1-45 所示。

	A	B	C
1	类别	文件编号	文件名称
2	管理标准		
3			
4			
5			
6			
7			
8	岗位职责		
9			
10			
11			
12			
13			
14			
15			
16	记录		
17			
18			
19			
20			
21			
22			
23			
24			
25	其他事务性文件		
26			

图 1-44　"文件归档管理表"框架

	A	B	C
1	类别	文件编号	文件名称
2	管理标准	KY-GL-001	文书归档管理规程
3		KY-GL-002	档案管理规程
4		KY-GL-003	办公用品管理规程
5		KY-GL-004	考勤管理规程
6		KY-GL-005	培训管理规程
7		KY-GL-006	绩效考评管理规程
8	岗位职责	KY-ZZ-001	总经理岗位职责
9		KY-ZZ-002	管理总监工作职责
10		KY-ZZ-003	营销总监工作职责
11		KY-ZZ-004	行政部主管工作职责
12		KY-ZZ-005	人力资源部主管工作职责
13		KY-ZZ-006	市场部主管工作职责
14		KY-ZZ-007	物流部主管工作职责
15		KY-ZZ-008	财务部主管工作职责
16	记录	KY-JL-001	会议记录表
17		KY-JL-002	收文登记表
18		KY-JL-003	来访登记表
19		KY-JL-004	员工简历表
20		KY-JL-005	员工面试记录表
21		KY-JL-006	员工转正申请表
22		KY-JL-007	应聘人员登记表
23		KY-JL-008	薪资变动表
24		KY-JL-009	出差申请表
25	其他事务性文件	KY-QT-001	办公用品领用记录
26		KY-QT-002	印签管理记录表
27		KY-QT-003	传真收发登记表
28		KY-QT-004	邮件收发记录

图 1-45　"文件归档管理表"内容

**活力
小贴士**

　　本项目的前提是事先在 D 盘中已经创建了"公司文件"文件夹，然后按照公司日常管理中的文件类别建立子文件夹，最后将各类文件按相应类别整理存储到对应的文件夹中，如图 1-46 所示。

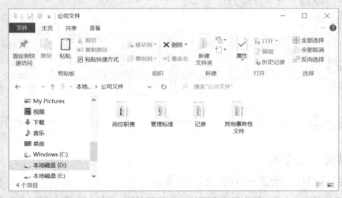

图 1-46　按类别建立文件夹来存储文件

任务 3　设置"文件归档管理表"格式

（1）设置表格列的标题格式为宋体、16 磅、加粗、居中。

（2）将 A2:A7、A8:A15、A16:A24、A25:A28 单元格区域设置为合并后居中格式。

（3）设置"类别"内容的格式为宋体、14 磅、加粗。

（4）设置表格内其余内容的格式为宋体、12 磅。

（5）将"文件编号"的内容设置为居中对齐。

（6）依次为 A1:C28 单元格区域设置"所有框线"和"粗外侧框线"。

（7）设置表格第 1 行的行高为"35"，第 2~28 行的行高为"25"。

（8）分别将鼠标指针移至表格各列的列标交界处，当鼠标指针变成双向箭头状"＋＋"时，双击，Excel 将会自动调整列宽。

　　设置格式后的表格效果如图 1-47 所示。

类别	文件编号	文件名称
	KY-GL-001	文书归档管理规程
	KY-GL-002	档案管理规程
管理标准	KY-GL-003	办公用品管理规程
	KY-GL-004	考勤管理规程
	KY-GL-005	培训管理规程
	KY-GL-006	绩效考评管理规程
	KY-ZZ-001	总经理岗位职责
	KY-ZZ-002	管理总监工作职责
	KY-ZZ-003	营销总监工作职责
岗位职责	KY-ZZ-004	行政部主管工作职责
	KY-ZZ-005	人力资源部主管工作职责
	KY-ZZ-006	市场部主管工作职责
	KY-ZZ-007	物流部主管工作职责
	KY-ZZ-008	财务部主管工作职责
	KY-JL-001	会议记录表
	KY-JL-002	收文登记表
	KY-JL-003	来访登记表
	KY-JL-004	员工简历表
记录	KY-JL-005	员工面试记录表
	KY-JL-006	员工转正申请表
	KY-JL-007	应聘人员登记表
	KY-JL-008	薪资变动表
	KY-JL-009	出差申请表
	KY-QT-001	办公用品领用记录
其他事务性文件	KY-QT-002	印章管理记录表
	KY-QT-003	传真收发登记表
	KY-QT-004	邮件收发记录表

图 1-47　设置格式后的"文件归档管理表"效果

任务 4　完成文件类别的超链接设置

（1）选中 A2 单元格。

（2）单击"插入"→"链接"→"链接"按钮，打开"插入超链接"对话框。

（3）在"链接到"区域中选择 "现有文件或网页"，单击"查找范围"列表框，选择"D:\公司文件"文件夹，在"当前文件夹"列表中将显示"公

微课 1-4　文件类别的超链接设置

司文件"文件夹中的全部内容，选择要链接的文件夹"管理标准"，如图 1-48 所示。

图1-48　选择要链接的对象

**活力
小贴士**　　Excel 中的超链接，可分别链接到"现有文件或网页""本文档中的位置""新建文档""电子邮件地址"。

　　①"现有文件或网页"：可以链接到本地计算机中的文件，使 Excel 中的文本与本地计算机中的相关文件关联起来，也可以链接到互联网的网页。

　　②"本文档中的位置"：可链接到当前文档某工作表中的位置。

　　③"新建文档"：指向新文件的超链接。在"新建文档名称"文本框中输入新文件的名称，系统将新建一个文件，可选择新建文件的编辑方式为"以后再编辑新文档"或"开始编辑新文档"。

　　④"电子邮件地址"：可链接到要使用的电子邮件地址。如果单击链接到电子邮件地址的超链接，电子邮件程序将自动启动，并会创建一封在"收件人"文本框中显示该电子邮件地址的电子邮件（前提是已经安装了电子邮件程序）。

　　（4）单击"确定"按钮，完成 A2 单元格内容的超链接设置。

　　（5）使用同样的操作方法，分别完成 A8、A16、A25 单元格内容的超链接设置。

　　设置超链接后的效果如图 1-49 所示，当鼠标指针指向有超链接设置的文本时，将显示相应的链接提示。单击该超链接，可打开链接的"D:\公司文件\管理标准"文件夹，如图 1-50 所示。

任务 5　完成文件名称的超链接设置

　　（1）选中 C2 单元格。

　　（2）单击"插入"→"链接"→"链接"按钮，打开"插入超链接"对话框。

　　（3）在"链接到"区域中选择"现有文件或网页"，单击"查找范围"列表框，选择"D:\公司文件\管理标准"文件夹，在"当前文件夹"列表中将会显示"管理标准"文件夹中的内容，选择要链接的文件"文书归档管理规程"，如图 1-51 所示。

图 1-49　A2 单元格内容的超链接设置效果　　　　图 1-50　打开链接的文件夹

（4）单击"确定"按钮，完成 C2 单元格内容的超链接设置。

（5）使用同样的操作方法，分别完成 C3:C28 各单元格内容的超链接设置。

设置超链接后的效果如图 1-52 所示，当鼠标指针指向有超链接设置的文本时，将显示相应的链接提示。单击该超链接，可打开链接的文件，如图 1-53 所示。

图 1-51　选择要链接的文件　　　　图 1-52　C2 单元格内容的超链接设置效果

图 1-53　打开链接的文件

1.3.5　项目小结

本项目通过制作"文件归档管理表"，主要介绍了工作簿的创建、设置工作表格式、超链接的应用等。这里重点介绍了插入"现有文件"的超链接，通过超链接可快速、准确地访问文件存放的位置和打开想要查看的文件，为日常工作中的文档管理提供了一种很好的方式，有利于提高工作效率。

1.3.6　拓展项目

1. 公司考勤管理表

公司考勤管理表如图 1-54 所示。

2. 公司通讯录

图 1-55 所示为公司通讯录。

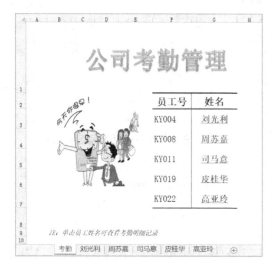

图 1-54　公司考勤管理表

部门	职务	姓名	电话	电子邮箱
			公司通讯录	
行政部	主管	高亚玲	6XXXX114	gao**@ky.com
	副主管	周苏嘉	8XXXX186	zhou**@ky.com
	文书	司马意	8XXXX114	si**@ky.com
人力资源部	主管	桑南	5XXXX260	san**@ky.com
	招聘专员	夏蓝	6XXXX811	xia1**@ky.com
	薪酬专员	江宽	2XXXX536	jian**@ky.com
市场部	主管	万成建	8XXXX642	fang**@ky.com
	品牌运作专员	黄雅玲	8XXXX060	huang**@ky.com
	客户关系专员	林菱	8XXXX114	li**@ky.com
	销售专员	刘民	6XXXX165	lium**@ky.com
物流部	主管	周谦	3XXXX500	zho**@ky.com
	库管员	李亮蓓	8XXXX480	li**@ky.com
	供应计划员	尔阿	2XXXX219	e**@ky.com
财务部	主管	钱新	3XXXX000	qia**@ky.com
	会计	曾科	6XXXX333	zen**@ky.com
	出纳员	费乐	3XXXX323	fe**@ky.com

图 1-55　公司通讯录

项目4　办公用品管理

示例文件	原始文件：示例文件\素材文件\项目 4\办公用品管理表.xlsx
	效果文件：示例文件\效果文件\项目 4\办公用品管理表.xlsx

1.4.1　项目背景

在企业的日常工作中，管理办公用品是行政部的一项常规性工作。加强办公用品管理、规范办公用品的发放和领用、提高办公用品的利用率，不仅可以控制办公消耗成本，还可以让员工养成勤俭节约、杜绝浪费的习惯。本项目将制作一个"办公用品管理表"，用于记录办公用品的领用明细及实现办公用品的汇总统计，使行政人员可以有效地进行办公用品的管理。

1.4.2　项目效果

图 1-56 所示为办公用品"领用明细"表效果图，图 1-57 所示为"办公用品领用统计表"效果图。

	A	B	C	D	E	F	G	H
1	领用日期	领用部门	物品名称	型号规格	单位	数量	单价	金额
2	2022-9-6	行政部	复印纸	A4普通纸	包	3	¥14.8	¥44.4
3	2022-9-15	人力资源部	纸文件夹	A4纵向	个	25	¥15.5	¥387.5
4	2022-9-18	财务部	复印纸	A3	包	1	¥20.0	¥20.0
5	2022-9-21	物流部	笔记本	B5	本	5	¥4.3	¥21.5
6	2022-9-25	行政部	签字笔	0.5mm	支	10	¥2.0	¥20.0
7	2022-9-29	财务部	透明文件夹	A4	个	18	¥1.1	¥19.8
8	2022-10-3	行政部	特大号信封	印有公司名称	个	10	¥1.0	¥10.0
9	2022-10-9	人力资源部	订书钉	12#	盒	2	¥1.4	¥2.8
10	2022-10-12	人力资源部	普通信封	长3型	个	50	¥0.5	¥25.0
11	2022-10-15	市场部	笔记本	B5	本	10	¥4.3	¥43.0
12	2022-10-17	市场部	复印纸	A4普通纸	包	4	¥14.8	¥59.2
13	2022-10-20	物流部	笔记本	B5	本	3	¥4.3	¥12.9
14	2022-10-23	行政部	签字笔	0.5mm	支	8	¥2.0	¥16.0
15	2022-10-24	物流部	签字笔	0.5mm	支	8	¥3.0	¥24.0
16	2022-10-27	财务部	铅笔	HB	支	6	¥1.0	¥6.0
17	2022-11-7	物流部	复印纸	A4普通纸	包	2	¥14.8	¥29.6
18	2022-11-10	市场部	订书钉	12#	盒	3	¥1.4	¥4.2
19	2022-11-13	人力资源部	签字笔	0.5mm	支	15	¥2.0	¥30.0
20	2022-11-16	行政部	长尾夹	32mm	盒	1	¥14.0	¥14.0
21	2022-11-20	物流部	笔记本	A4	本	7	¥6.2	¥43.4
22	2022-11-23	市场部	订书钉	12#	盒	2	¥1.4	¥2.8
23	2022-11-24	财务部	长尾夹	32mm	盒	3	¥14.0	¥42.0
24	2022-11-27	市场部	透明文件夹	A4	个	9	¥1.1	¥9.9
25	2022-11-29	人力资源部	笔记本	A4	本	18	¥6.2	¥111.6
26	2022-11-30	行政部	铅笔	HB	支	12	¥1.0	¥12.0

图1-56 办公用品"领用明细"表

图1-57 办公用品领用统计表

1.4.3 知识与技能

- 创建工作簿、保存工作簿
- 重命名工作表
- 使用公式进行简单计算
- 设置表格格式
- 创建数据透视表
- 更改数据透视表布局
- 设置数据透视表的样式

1.4.4 解决方案

任务1 新建并保存工作簿

（1）启动 Excel 2016，新建一个空白工作簿。

（2）将新建的工作簿以"办公用品管理表"为名保存在"D:\公司文档\行政部"文件夹中。

任务2 创建办公用品"领用明细"表

（1）重命名工作表。将"Sheet1"工作表重命名为"领用明细"。

（2）创建图 1-58 所示的办公用品"领用明细"表。

任务3 计算办公用品"金额"

（1）在 H1 单元格中输入标题"金额"。

（2）计算"金额"数据，金额＝数量×单价。

① 选中 H2 单元格。

② 输入计算公式"=F2*G2"，按"Enter"键确认。

③ 选中 H2 单元格，拖曳填充柄，将公式复制到 H3:H26 单元格区域，计算出所有金额，如

图 1-59 所示。

任务4　设置办公用品"领用明细"表格式

（1）设置"单价"和"金额"列的数据格式为货币格式，保留1位小数。

① 选中 G2:H26 单元格区域。

② 单击"开始"→"数字"→"数字格式"按钮，打开"设置单元格格式"对话框。

③ 切换到"数字"选项卡，在左侧的"分类"列表中，选择"货币"，将右侧的"小数位数"设置为"1"。

	领用日期	领用部门	物品名称	型号规格	单位	数量	单价
1	领用日期	领用部门	物品名称	型号规格	单位	数量	单价
2	2022-9-6	行政部	复印纸	A4普通纸	包	3	14.8
3	2022-9-15	人力资源部	纸文件夹	A4纵向	个	25	15.5
4	2022-9-18	财务部	复印纸	A3	包	1	20
5	2022-9-21	物流部	笔记本	B5	本	5	4.3
6	2022-9-25	行政部	签字笔	0.5mm	支	10	2
7	2022-9-29	财务部	透明文件夹	A4	个	18	1.1
8	2022-10-3	行政部	特大号信封	印有公司名称	个	10	1
9	2022-10-9	人力资源部	订书钉	12#	盒	2	1.4
10	2022-10-12	人力资源部	普通信封	长3型	个	50	0.5
11	2022-10-15	市场部	笔记本	B5	本	10	4.3
12	2022-10-17	市场部	复印纸	A4普通纸	包	4	14.8
13	2022-10-20	物流部	笔记本	B5	本	3	4.3
14	2022-10-23	行政部	签字笔	0.5mm	支	8	2
15	2022-10-24	物流部	签字笔	0.5mm	支	6	2
16	2022-10-27	财务部	铅笔	HB	支	6	1
17	2022-11-7	物流部	复印纸	A4普通纸	包	2	14.8
18	2022-11-10	市场部	订书钉	12#	盒	3	1.4
19	2022-11-13	人力资源部	签字笔	0.5mm	支	15	2
20	2022-11-16	行政部	长尾夹	32mm	盒	1	14
21	2022-11-20	物流部	笔记本	A4	本	7	6.2
22	2022-11-23	物流部	订书钉	12#	盒	2	1.4
23	2022-11-24	财务部	长尾夹	32mm	盒	3	14
24	2022-11-27	市场部	透明文件夹	A4	个	9	1.1
25	2022-11-29	人力资源部	笔记本	A4	本	18	6.2
26	2022-11-30	行政部	铅笔	HB	支	12	1

图 1-58　办公用品"领用明细"表

	领用日期	领用部门	物品名称	型号规格	单位	数量	单价	金额
1	领用日期	领用部门	物品名称	型号规格	单位	数量	单价	金额
2	2022-9-6	行政部	复印纸	A4普通纸	包	3	14.8	44.4
3	2022-9-15	人力资源部	纸文件夹	A4纵向	个	25	15.5	387.5
4	2022-9-18	财务部	复印纸	A3	包	1	20	20
5	2022-9-21	物流部	笔记本	B5	本	5	4.3	21.5
6	2022-9-25	行政部	签字笔	0.5mm	支	10	2	20
7	2022-9-29	财务部	透明文件夹	A4	个	18	1.1	19.8
8	2022-10-3	行政部	特大号信封	印有公司名称	个	10	1	10
9	2022-10-9	人力资源部	订书钉	12#	盒	2	1.4	2.8
10	2022-10-12	人力资源部	普通信封	长3型	个	50	0.5	25
11	2022-10-15	市场部	笔记本	B5	本	10	4.3	43
12	2022-10-17	市场部	复印纸	A4普通纸	包	4	14.8	59.2
13	2022-10-20	物流部	笔记本	B5	本	3	4.3	12.9
14	2022-10-23	行政部	签字笔	0.5mm	支	8	2	16
15	2022-10-24	物流部	签字笔	0.5mm	支	6	2	12
16	2022-10-27	财务部	铅笔	HB	支	6	1	6
17	2022-11-7	物流部	复印纸	A4普通纸	包	2	14.8	29.6
18	2022-11-10	市场部	订书钉	12#	盒	3	1.4	4.2
19	2022-11-13	人力资源部	签字笔	0.5mm	支	15	2	30
20	2022-11-16	行政部	长尾夹	32mm	盒	1	14	14
21	2022-11-20	物流部	笔记本	A4	本	7	6.2	43.4
22	2022-11-23	物流部	订书钉	12#	盒	2	1.4	2.8
23	2022-11-24	财务部	长尾夹	32mm	盒	3	14	42
24	2022-11-27	市场部	透明文件夹	A4	个	9	1.1	9.9
25	2022-11-29	人力资源部	笔记本	A4	本	18	6.2	111.6
26	2022-11-30	行政部	铅笔	HB	支	12	1	12

图 1-59　计算办公用品"金额"

④ 单击"确定"按钮。

（2）设置表格 A1:H1 单元格区域的格式为加粗、居中对齐。

（3）适当增加第1行的行高及调整各列的列宽。

（4）对 A1:H26 单元格区域添加"所有框线"边框。

任务5　生成"办公用品领用统计表"

有了办公用品领用的原始明细数据，工作人员可以利用"数据透视表"方便地实现办公用品领用数据的汇总统计。

微课 1-5　生成
"办公用品统计表"

**活力
小贴士**　数据透视表是交互式报表，可以方便地排列和汇总复杂的数据，并可进一步显示详细信息。它可以将原表中某列的不同值作为显示的行或列，在行和列的交叉处体现另一个列的数据汇总情况。

数据透视表可以动态地改变版面布局，以便按照不同方式分析数据，也可以重新安排行标签、列标签和值字段及汇总方式。每一次改变版面布局，数据透视表会立即按照新的布局重新显示数据。

数据透视表的使用需注意以下事项。

① 选择要分析的表或区域：既可以使用本工作簿中的表或区域，也可以使用外部数据源（其他文件）的表或区域。

② 选择放置数据透视表的位置：既可以生成一张新工作表，并从该表 A1 单元格处开始放置生成的数据透视表，也可以选择从现有工作表的某单元格位置开始放置。

③ 设置数据透视表的字段布局：选择要添加到报表的字段，并在行标签、列标签、值字段的列表中拖曳字段来修改字段的布局。

④ 修改数值汇总方式：一般数值默认的汇总方式为求和，文本默认的汇总方式为计数，如需修改，可单击"数值"处的字段按钮，从弹出的快捷菜单中选择"值字段设置"命令，打开"值字段设置"对话框，在其中进行选择或修改。

⑤ 对数据透视表的结果进行筛选：对于完成上述设置的数据透视表，还可以单击行标签和列标签处的下拉按钮，打开筛选器，进行筛选设置。

（1）创建数据透视表。

① 选择"领用明细"工作表中数据区域的任意单元格。

② 单击"插入"→"表格"→"数据透视表"按钮，打开"创建数据透视表"对话框。

③ 在"表/区域"文本框中默认的工作表数据区域为"领用明细!\$A\$1:\$H\$26"，"选择放置数据透视表的位置"默认选择为"新工作表"，如图 1-60 所示。

④ 单击"确定"按钮，创建数据透视表"Sheet1"，Excel 将自动打开"数据透视表字段"窗格，如图 1-61 所示。

图 1-60 "创建数据透视表"对话框

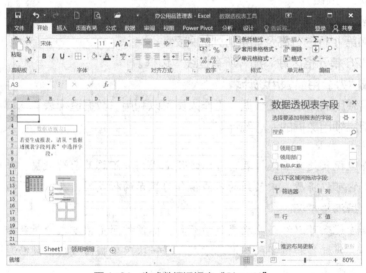

图 1-61 生成数据透视表"Sheet1"

⑤ 将"Sheet1"工作表重命名为"办公用品领用统计表"。

⑥ 勾选"选择要添加到报表的字段"列表中的"领用部门""物品名称""数量"和"金额"字段，构建出图 1-62 所示的数据透视表。

图1-62 添加数据透视表字段

（2）修改报表布局。

① 在"数据透视表字段"窗格的"行"中，单击"领用部门"下拉按钮，弹出图1-63所示的下拉列表，选择"字段设置"，打开图1-64所示的"字段设置"对话框。

② 打开"布局和打印"选项卡，在"布局"区域中，取消勾选"在同一列中显示下一字段的标签（压缩表单）"复选框，如图1-65所示。

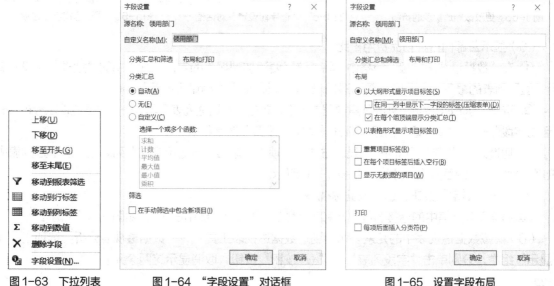

图1-63 下拉列表　　　图1-64 "字段设置"对话框　　　图1-65 设置字段布局

③ 单击"确定"按钮，数据透视表的布局发生改变，"行标签"和"物品名称"分别显示在A列和B列中，如图1-66所示。

（3）修改"行标签"名称。双击A3单元格，将"行标签"修改为"领用部门"。

（4）更改透视字段名称。

① 选中C3单元格。

② 单击"数据透视表工具"→"数据透视表分析"→"活动字段"→"字段设置"按钮，打开

"值字段设置"对话框。

③ 在"自定义名称"文本框中，将原名称"求和项:数量"修改为新名称"总数量"，如图 1-67 所示。

④ 单击"确定"按钮。

⑤ 进行同样的操作，将 D3 单元格中的"求和项:金额"修改为"总金额"，如图 1-68 所示。

图 1-66　更改数据透视表的布局

图 1-67　"值字段设置"对话框

图 1-68　更改透视字段名称

（5）显示各部门各种物品费用占比。

① 在"数据透视表字段"窗格中，将"选择要添加到报表的字段"列表中的"金额"字段拖曳至"值"列表的最下方，此时，数据透视表中将增加一列"求和项:金额"。

② 选择"求和项:金额"列的任意数据单元格，单击"数据透视表工具"→"数据透视表分析"→"活动字段"→"字段设置"按钮，打开"值字段设置"对话框。

③ 切换到图 1-69 所示的"值显示方式"选项卡，单击"值显示方式"列表框，从下拉列表中选择"父行汇总的百分比"选项，如图 1-70 所示。

④ 单击"确定"按钮，返回数据透视表。

⑤ 将 E3 单元格中的标签名称"求和项:金额"修改为"费用占比"，如图 1-71 所示。

（6）隐藏数据透视表中的元素。切换到"数据透视表工具"→"数据透视表分析"选项卡，在"显示"组中，分别单击"字段列表"和"+/-按钮"按钮，取消显示这两个元素。

> **活力小贴士**
>
> 　　数据透视表中包含多个元素，为了表格的简洁，用户可以根据需要将某些元素隐藏。隐藏的方法如下。
>
> 　　默认情况下，在"数据透视表工具"→"选项"选项卡中，"显示"选项组中的 3 个按钮都处于选中状态。单击"字段列表"按钮，可隐藏"数据透视表字段"；单击"+/-按钮"，可隐藏行标签字段左侧的"+/-"按钮；单击"字段标题"按钮，可隐藏"行标签"和"值字段"标题。

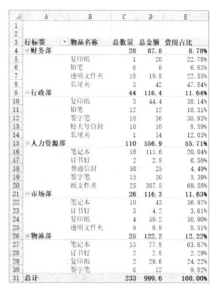

行标签	物品名称	总数量	总金额	费用占比
⊟ 财务部		28	87.8	8.78%
	复印纸	1	20	22.78%
	铅笔	6	6	6.83%
	透明文件夹	18	19.8	22.55%
	长尾夹	3	42	47.84%
⊟ 行政部		44	116.4	11.64%
	复印纸	3	44.4	38.14%
	铅笔	12	12	10.31%
	签字笔	18	36	30.93%
	特大号信封	10	10	8.59%
	长尾夹	1	14	12.03%
⊟ 人力资源部		110	556.9	55.71%
	笔记本	18	111.6	20.04%
	订书钉	2	2.8	0.50%
	普通信封	50	25	4.49%
	签字笔	15	30	5.39%
	纸文件夹	25	387.5	69.58%
⊟ 市场部		26	116.3	11.63%
	笔记本	10	43	36.97%
	订书钉	3	4.2	3.61%
	复印纸	4	59.2	50.90%
	透明文件夹	9	9.9	8.51%
⊟ 物流部		25	122.2	12.22%
	笔记本	15	77.8	63.67%
	订书钉	2	2.8	2.29%
	复印纸	2	29.6	24.22%
	签字笔	6	12	9.82%
总计		233	999.6	100.00%

图 1-69 "值显示方式"选项卡　　　图 1-70 设置值显示方式　　　图 1-71 各部门各种物品费用占比

（7）设置报表格式。

① 在 A1 单元格中输入报表标题"办公用品领用统计表"，将 A1:E1 单元格区域合并后居中，并设置文本格式为黑体、20 磅。

② 删除表格第 2 行。选中表格的第 2 行，单击鼠标右键，从弹出的快捷菜单中选择"删除"命令。

③ 将"总金额"列的数据格式设置为"货币"，保留 1 位小数。

④ 设置 A2:E2 及 A3:A30 单元格区域的内容居中对齐。

⑤ 增加标题行、字段行、各汇总行和总计行的行高。

⑥ 适当调整报表列宽。

1.4.5 项目小结

本项目通过制作"办公用品管理表"，主要介绍了工作簿的创建、使用公式进行数据计算、设置表格格式等。在此基础上，本项目使用"数据透视表"工具，创建数据透视表"办公用品领用统计表"，通过"数据透视表字段"窗格添加和编辑数据透视表字段，更改数据透视表的布局、值显示方式和显示样式。

1.4.6 拓展项目

1. 统计每月办公用品领用情况

办公用品各月领用统计表如图 1-72 所示。

2. 统计各类办公用品领用情况

各类办公用品领用统计表如图 1-73 所示。

办公用品各月领用统计表

月份	领用部门	总数量	总金额
9月		62	¥513.2
	财务部	19	¥39.8
	行政部	13	¥64.4
	人力资源部	25	¥387.5
	物流部	5	¥21.5
10月		99	¥186.9
	财务部	6	¥6.0
	行政部	18	¥26.0
	人力资源部	52	¥27.8
	市场部	14	¥102.2
	物流部	9	¥24.9
11月		72	¥299.5
	财务部	3	¥42.0
	行政部	13	¥26.0
	人力资源部	33	¥141.6
	市场部	12	¥14.1
	物流部	11	¥75.8
总计		233	¥999.6

图 1-72　办公用品各月领用统计表

各类办公用品领用统计表

物品名称	领用部门	总数量	总金额
笔记本		43	232.4
	人力资源部	18	111.6
	市场部	10	43
	物流部	15	77.8
订书钉		7	9.8
	人力资源部	2	2.8
	市场部	3	4.2
	物流部	2	2.8
复印纸		10	153.2
	财务部	1	20
	行政部	3	44.4
	市场部	4	59.2
	物流部	2	29.6
普通信封		50	25
	人力资源部	50	25
铅笔		18	18
	财务部	6	6
	行政部	12	12
签字笔		39	78
	行政部	18	36
	人力资源部	15	30
	物流部	6	12
特大号信封		10	10
	行政部	10	10
透明文件夹		27	29.7
	财务部	18	19.8
	市场部	9	9.9
长尾夹		4	56
	财务部	3	42
	行政部	1	14
纸文件夹		25	387.5
	人力资源部	25	387.5
总计		233	999.6

图 1-73　各类办公用品领用统计表

第2篇
人力资源篇

人力资源部在企业中至关重要。如何招聘到合适、优秀的员工，如何激发员工的创造力、为员工提供各种保障，是人力资源部需要重点关注的问题。人力资源部应尊重人才，为企业运行提供服务和保障。本篇针对人力资源部工作人员在工作中遇到的几类管理问题，提炼出他们最需要的 Excel 2016 办公软件应用项目，以帮助人力资源部工作人员用高效的方法处理各方面的事务，从而快速、准确地调配企业的人力资源。

学习目标

知识点

- 工作表基本操作
- 插入和编辑 SmartArt 图形
- 数据排序和条件格式
- 数据输入和数据验证
- AVERAGE、SUM、IF、MOD、TEXT、MID、COUNTIF、RANK、MAX 和 MIN 等函数
- 导入外部数据

素养点

- 树立信息保密意识
- 具有自主学习和终身学习的意识
- 培养不断学习和适应发展的能力

技能点

- 熟练运用 SmartArt 图形、形状等工具
- 熟练使用公式和函数进行数据计算
- 设置并运用数据验证进行数据的有效输入
- 熟练进行数据的导入、导出
- 使用条件格式实现数据可视化
- 理解函数嵌套的意义和用法

▨▨▨ 项目5　员工聘用管理

示例文件	原始文件：示例文件\素材文件\项目 5\公司人员招聘流程图.xlsx、应聘人员面试成绩表.xlsx
	效果文件：示例文件\效果文件\项目 5\公司人员招聘流程图.xlsx、应聘人员面试成绩表.xlsx

2.5.1　项目背景

在现代社会中，人才是企业成功的关键因素之一。人员招聘是人力资源管理中的一项非常重要的工作。规范化的招聘管理流程是企业招聘到优秀、合适员工的前提。本项目将利用 Excel 制作"公司人员招聘流程图"和"应聘人员面试成绩表"，为人力资源管理人员在员工聘用管理工作方面提供实用、简便的解决方案。

2.5.2　项目效果

图 2-1 所示为"公司人员招聘流程图"效果图，图 2-2 所示为"应聘人员面试成绩表"效果图。

图 2-1　公司人员招聘流程图

图 2-2　应聘人员面试成绩表

2.5.3　知识与技能

- 新建、保存工作簿
- 重命名工作表
- 设置表格格式
- 插入和编辑 SmartArt 图形
- 取消显示编辑栏和网格线
- 使用 SUM 和 IF 函数
- 美化、修饰表格

2.5.4　解决方案

任务 1　新建"公司人员招聘流程图"工作簿

（1）启动 Excel 2016，新建一个空白工作簿。

（2）将创建的工作簿以"公司人员招聘流程图"为名保存在"D:\公司文档\人力资源部"文件夹中。

任务2　重命名工作表

双击"Sheet1"工作表标签，进入标签重命名状态，输入"招聘流程图"，按"Enter"键确认。

任务3　绘制"招聘流程图"表格

（1）创建图2-3所示的"招聘流程图"表格。

	A	B	C	D
1	公司人员招聘流程图			
2	项目	流程	支持图表	责任部门
3			人员需求表	人力需求部门人力资源部
4			岗位说明书招聘计划表	人力需求部门总经办
5			应聘人员登记表员工资料劳动合同	人力需求部门人力资源部总经办需求部门主管
6			企业文化及各项规章制度资料	人力需求部门人力资源部
7			员工试用期满考核表	需求部门主管

图2-3　"招聘流程图"表格

（2）设置表格标题格式。

① 选中A1:D1单元格区域，单击"开始"→"对齐方式"→"合并后居中"按钮，将表格标题设置为合并后居中。

② 将表格标题的格式设置为"宋体、28磅、加粗"。

（3）设置表格内文本的格式。

① 将表格列标题A2:D2单元格区域内的文本的格式设置为"宋体、16磅、加粗、水平居中、垂直居中"。

② 将A3:D7单元格区域内的文本的格式设置为"宋体、14磅、水平居中、垂直居中、自动换行"。

③ 将C3:D7单元格区域内的文本按图2-4所示进行手动换行处理。

2	项目	流程	支持图表	责任部门
3			人员需求表	人力需求部门 人力资源部
4			岗位说明书 招聘计划表	人力需求部门 总经办
5			应聘人员登记表 员工资料 劳动合同	人力需求部门 人力资源部 总经办 需求部门主管
6			企业文化及各项规章制度资料	人力需求部门 人力资源部
7			员工试用期满考核表	需求部门主管

图2-4　文本手动换行

> **活力小贴士**
>
> 单元格内的文本，有时候因长度超过单元格宽度而需要排列成多行，可以让Excel将超过单元格宽度的文字自动排列到下一行，也可以进行手动设置。
>
> （1）自动换行。
>
> ① 选中需要换行的单元格区域，单击"开始"→"对齐方式"→"自动换行"按钮 ⎘自动换行 ，该区域中长度超过列宽的单元格内的文字将自动换行。

② 也可以单击"开始"→"对齐方式"→"对齐设置"按钮，弹出"设置单元格格式"对话框，在"对齐"选项卡中的"文本控制"区域勾选"自动换行"复选框，如图 2-5 所示。

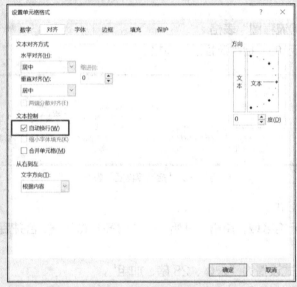

图 2-5　设置"自动换行"

（2）手动换行。

如果想在指定位置实现文本换行，可以进行手动调整。其操作是双击单元格，使单元格处于编辑状态，将光标定位于需要换行的位置，按"Alt+Enter"组合键实现手动换行，按"Enter"键确定。

（4）设置表格的边框和底纹。

① 选中 A2:D7 单元格区域。

② 单击"开始"→"字体"→"框线"下拉按钮，在打开的下拉菜单中选择"所有框线"命令；再次单击"框线"下拉按钮，在打开的下拉菜单中选择"粗外侧框线"命令。

③ 将 A2:D2 单元格区域填充为"橙色"，其余每行分别使用不同的浅色系颜色进行填充。

（5）调整表格的行高和列宽。

① 选中表格的第 1 行，单击鼠标右键，在弹出的快捷菜单中选择"行高"命令，打开"行高"对话框，输入"60"，单击"确定"按钮。

② 运用类似的方法，将表格第 2 行的行高设置为"50"、第 3 ~ 7 行的行高设置为"128"。

③ 选中表格的第 1 列，单击鼠标右键，在弹出的快捷菜单中选择"列宽"命令，打开"列宽"对话框，输入"22"，单击"确定"按钮。

④ 运用类似的方法，将表格第 2 列的列宽设置为"35"、第 3 列和第 4 列的列宽设置为"25"。完成后的表格如图 2-6 所示。

公司人员招聘流程图			
项目	流程	支持图表	责任部门
		人员需求表	人力需求部门 人力资源部
		岗位说明书 招聘计划表	人力需求部门 总经办
		应聘人员登记表 员工资料 劳动合同	人力需求部门 人力资源部 总经办 需求部门主管
		企业文化及各项规章 制度资料	人力需求部门 人力资源部
		员工试用期满 考核表	需求部门主管

图 2-6　绘制完成的"公司人员招聘流程图"表格

任务 4　应用 SmartArt 绘制"招聘流程图"图形

（1）单击"插入"→"插图"→"SmartArt"按钮，打开"选择 SmartArt 图形"对话框。

（2）在"选择 SmartArt 图形"对话框左侧的类型列表中选择"列表"类型，再从中间的子类型列表中选择"垂直块列表"，如图 2-7 所示。

（3）单击"确定"按钮，返回工作表中。在工作表中可见图 2-8 所示的 SmartArt 图形。

（4）添加形状。

微课 2-1　应用 SmartArt 绘制 "招聘流程图"

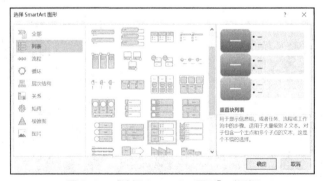

图 2-7　"选择 SmartArt 图形"对话框

插入的图形默认只有 3 组形状，由图 2-6 所示的表格可知，要绘制的"招聘流程图"图形需要 5 组形状。

① 单击"SmartArt 工具"→"设计"→"创建图形"→"添加形状"按钮，添加出图 2-9 所示的第 4 组形状的第 1 级。

② 选中新添加的形状，再单击"SmartArt 工具"→"设计"→"创建图形"→"添加形状"下拉按钮，打开图 2-10 所示的下拉菜单，选择"在下方添加形状"命令，添加第 4 组第 2 级的形状，如图 2-11 所示。

图 2-8　垂直块列表的 SmartArt 图形

图 2-9　添加形状的第 1 级

图 2-10　下拉菜单

图 2-11　添加形状的第 2 级

③ 运用类似的操作，添加第 5 组形状。

（5）编辑"招聘流程图"图形中的内容。

编辑图形中的内容时，为了便于输入文字，可打开文本窗格进行输入。

① 单击"SmartArt 工具"→"设计"→"创建图形"→"文本窗格"按钮，打开图 2-12 所示的文本窗格。

② 在文本窗格中输入图 2-13 所示的文字。在文本窗格中输入的内容会自动在 SmartArt 图形中显示，如图 2-14 所示。

图 2-12　文本窗格

图 2-13　"招聘流程图"图形中的文字

图 2-14　SmartArt 图形中显示输入的内容

（6）修饰 SmartArt 图形。

① 选中 SmartArt 图形。

② 将图形中文本的格式设置为"宋体、16 磅、加粗"。

③ 调整 SmartArt 图形大小，使 SmartArt 图形中的文本能清晰地显示在图形中。

④ 单击"SmartArt 工具"→"设计"→"SmartArt 样式"→"更改颜色"按钮，打开图 2-15 所示的颜色下拉菜单，选择"彩色"系列中的"彩色范围-个性色 3 至 4"。

修饰后的 SmartArt 图形效果如图 2-16 所示。

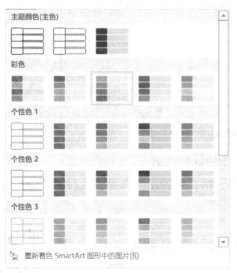

图 2-15　颜色下拉菜单

图 2-16　修饰后的 SmartArt 图形效果

（7）将绘制的 SmartArt 图形移动到"招聘流程图"表格中，并根据表格的行高和列宽适当调整 SmartArt 图形的大小，使其与表格内的内容相匹配。

（8）取消编辑栏和网格线的显示。在"视图"选项卡的"显示"选项组中，取消勾选"编辑栏"

和"网格线"复选框。此时网格线被隐藏起来，工作表显得更加简洁、美观。

（9）保存并关闭文档。

任务5 创建"应聘人员面试成绩表"

（1）启动 Excel 2016，新建一个空白工作簿。

（2）将新建的工作簿重命名为"应聘人员面试成绩表"，并将其保存在"D:\公司文档\人力资源部"文件夹中。

（3）将"Sheet1"工作表重命名为"面试成绩"。

（4）在"面试成绩"工作表中，输入图 2-17 所示的应聘人员面试成绩。

	A	B	C	D	E	F	G	H	I
1	姓名	个人修养	求职意愿	综合素质	性格特征	专业知识和技能	语言能力	总评成绩	录用结论
2	李博阳	7	7	15	6	28	12		
3	张雨菲	9	8	16	7	32	11		
4	王彦	6	8	12	5	21	9		
5	刘启亮	9	9	16	7	23	8		
6	郑威	7	9	17	6	26	11		
7	程渝丰	9	10	18	8	33	13		
8	李晓敏	6	9	13	6	20	10		
9	郑君乐	8	9	16	7	29	11		
10	陈远	8	7	17	8	31	12		
11	王秋琳	9	8	16	7	33	13		
12	赵筱鹏	7	8	13	4	28	11		
13	孙原屏	9	7	16	8	30	13		
14	王乐泉	9	8	17	8	31	14		
15	段维东	8	10	18	9	25	12		
16	张婉玲	8	7	14	7	22	8		

图 2-17　应聘人员面试成绩

任务6 统计面试"总评成绩"

（1）选中 H2 单元格。

（2）单击"开始"→"编辑"→"自动求和"按钮，自动构造出图 2-18 所示的公式。

	A	B	C	D	E	F	G	H	J
1	姓名	个人修养	求职意愿	综合素质	性格特征	专业知识和技能	语言能力	总评成绩	录用结论
2	李博阳	7	7	15	6	28	12	=SUM(B2:G2)	
3	张雨菲	9	8	16	7	32	11	SUM(**number1**, [number2], ...)	
4	王彦	6	8	12	5	21	9		
5	刘启亮	9	9	16	7	23	8		
6	郑威	7	9	17	6	26	11		
7	程渝丰	9	10	18	8	33	13		
8	李晓敏	6	9	13	6	20	10		
9	郑君乐	8	9	16	7	29	11		
10	陈远	8	7	17	8	31	12		
11	王秋琳	9	8	16	7	33	13		
12	赵筱鹏	7	8	13	4	28	11		
13	孙原屏	9	7	16	8	30	13		
14	王乐泉	9	8	17	8	31	14		
15	段维东	8	10	18	9	25	12		
16	张婉玲	8	7	14	7	22	8		

图 2-18　构造"总评成绩"计算公式

（3）确认参数区域正确后，按"Enter"键，得出计算结果。

（4）选中 H2 单元格，拖曳填充柄至 H16 单元格，统计出所有面试人员的"总评成绩"，如图 2-19 所示。

任务7 显示面试"录用结论"

面试录用说明：总评成绩在 80 分及以上者予以录用，否则不予录用。

（1）选中 I2 单元格。

（2）单击"公式"→"函数库"→"插入函数"按钮，打开图 2-20 所示的"插入函数"对话框。

（3）从"选择函数"列表中选择"IF"函数，单击"确定"按钮，打开"函数参数"对话框。

微课 2-2　显示面试
"录用结论"

	A	B	C	D	E	F	G	H	I
1	姓名	个人修养	求职意愿	综合素质	性格特征	专业知识和技能	语言能力	总评成绩	录用结论
2	李博阳	7	7	15	6	28	12	75	
3	张雨菲	9	8	16	7	32	11	83	
4	王彦	6	8	12	5	21	9	61	
5	刘启亮	9	9	16	7	23	8	72	
6	郑威	7	9	17	6	26	11	76	
7	程渝丰	9	10	18	8	33	13	91	
8	李晓敏	6	9	13	6	20	10	64	
9	郑君乐	8	9	16	7	29	11	80	
10	陈远	8	7	17	8	31	12	83	
11	王秋琳	9	8	16	7	33	13	86	
12	赵筱鹏	7	8	13	4	28	11	71	
13	孙原屏	9	7	16	8	30	13	83	
14	王乐景	9	8	17	8	31	14	87	
15	段维东	8	10	18	9	25	12	82	
16	张婉玲	8	7	14	7	22	8	66	

图 2-19 统计出所有面试人员的"总评成绩"

图 2-20 "插入参数"对话框

活力小贴士

　　IF 函数可以根据指定条件满足与否返回不同的结果。如果指定条件的计算结果为TRUE，IF 函数将返回某个值；如果该条件的计算结果为FALSE，则返回另一个值。例如，输入 "=IF(A1=0,"零","非零")"，若 A1 单元格中的值等于 0，则返回 "零"；若 A1 单元格中的值不等于 0，则返回 "非零"。

　　语法：IF(Logical_test,[Value_if_true],[Value_if_false])。

　　参数说明如下。

　　① Logical_test：计算结果可能为 TRUE 或 FALSE 的任意值或表达式。例如，A1=0就是一个逻辑表达式；若 A1 单元格中的值为 0，则表达式的结果为 TRUE；若 A1 中的值为其他值，则表达式的结果为 FALSE。

　　② Value_if_true：当 Logical_test 参数的计算结果为 TRUE 时所要返回的值。

　　③ Value_if_false：当 Logical_test 参数的计算结果为 FALSE 时所要返回的值。

　　如果要返回的值是文本，则需用英文状态下的双引号（"零"）；如果返回值是数字、日期、公式等，则不需要使用任何符号。

（4）按图 2-21 所示内容设置参数，单击 "确定" 按钮，得到第一个人的 "录用结论"。

（5）选中 I2 单元格，使用填充柄自动填充其他面试人员的 "录用结论"，如图 2-22 所示。

图 2-21 设置 IF 函数的参数

姓名	个人修养	求职意愿	综合素质	性格特征	专业知识和技能	语言能力	总评成绩	录用结论
李博阳	7	7	15	6	28	12	75	未录用
张雨菲	9	8	16	7	32	11	83	录用
王彦	6	8	12	5	21	9	61	未录用
刘启亮	9	9	16	7	23	8	72	未录用
郑威	7	9	17	6	26	11	76	未录用
程渝丰	9	10	18	8	33	13	91	录用
李晓敏	6	9	13	6	20	10	64	未录用
郑君乐	8	9	16	7	29	11	80	录用
陈远	8	7	17	8	31	12	83	录用
王秋琳	9	8	16	7	33	13	86	录用
赵筱鹏	7	8	13	4	28	11	71	未录用
孙原屏	9	7	16	8	30	13	83	录用
王乐泉	9	8	17	8	31	14	87	录用
段维东	8	10	18	9	25	12	82	录用
张婉玲	8	7	14	7	22	8	66	未录用

图 2-22 填充其他面试人员的"录用结论"

任务 8 美化"应聘人员面试成绩表"

（1）添加表格标题。

① 选中表格的第 1 行，单击"开始"→"单元格"→"插入"按钮，插入一个空白行。

② 输入表格标题"应聘人员面试成绩表"。

③ 设置表格标题的格式为"黑体、22 磅、合并后居中"。

④ 设置标题行的行高为"42"。

（2）设置表格列标题的格式。

① 选中 A2:I2 单元格区域。

② 设置该单元格区域的文本格式为"宋体、11 磅、加粗、居中、自动换行"。

③ 为 A2:I2 单元格区域添加蓝色底纹，并设置字体颜色为"白色，背景 1"。

（3）选中 A1:I17 单元格区域，设置表格的列宽为"9"。

（4）设置表格的边框。

① 选中 A2:I17 单元格区域。

② 单击"开始"→"字体"→"框线"下拉按钮，在打开的下拉菜单中选择"所有框线"命令；再次单击"框线"下拉按钮，在打开的下拉菜单中选择"粗外侧框线"命令。

（5）添加"录用说明"。

① 选中 A19 单元格。

② 输入录用说明内容"录用说明：总评成绩在 80 分及以上者予以录用，否则未录用。"

（6）保存并关闭文档。

2.5.5 项目小结

本项目通过制作"公司人员招聘流程图""应聘人员面试成绩表"，主要介绍了创建工作簿、编辑工作表、应用 SmartArt 工具创建和编辑图形、使用 SUM 和 IF 函数进行计算等的操作方法。此外，本项目还介绍了设置单元格合并后居中、设置文本换行、设置文本格式，以及取消显示工作表的编辑栏和网格线等表格美化、修饰的操作方法，可以增强表格的显示效果。

2.5.6 拓展项目

1. 制作公司人才考核管理流程图

图 2-23 所示为公司人才考核管理流程图。

2. 制作员工试用期管理流程图

图 2-24 所示为员工试用期管理流程图。

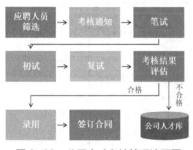

图 2-23 公司人才考核管理流程图　　　　　图 2-24 员工试用期管理流程图

项目 6 员工培训管理

示例文件	原始文件：示例文件\素材文件\项目 6\培训需求调查表.xlsx、员工培训成绩统计表.xlsx 效果文件：示例文件\效果文件\项目 6\培训需求调查表.xlsx、员工培训成绩统计表.xlsx

2.6.1 项目背景

企业要想提高自身在市场中的竞争力，需要不断提高员工的各项素质和能力。人力资源部为了使培训工作更具有针对性和实用性，需要开展培训调查，了解员工的需求、建议及期望，然后结合企业的需要制订培训计划，开展培训工作。每次培训结束后，人力资源部根据培训项目对学员成绩进行相应的考核、评定、汇总和分析。本项目通过制作"培训需求调查表"和"员工培训成绩统计表"，来介绍 Excel 软件在员工培训管理方面的应用。

2.6.2 项目效果

图 2-25 所示为"培训需求调查表"效果图，图 2-26 所示为"员工培训成绩统计表"效果图。

Office办公软件应用培训需求调查表

公司近期将针对Microsoft Office办公软件进行应用技能培训，为了使培训能紧密结合您的工作，能为您的工作提供直接的帮助，请您根据自身实际情况如实填写该表，谨此感谢您的合作！

使用情况　（单选项）

①您办公中使用Office办公软件最多的是？	○ Excel	○ Word	○ PowerPoint ○ 其他
②您对哪个Office办公软件最感兴趣？	○ Excel	○ Word	○ PowerPoint ○ 其他
③您认为自己Office办公软件的使用水平属于？	○ 入门级	○ 初级	○ 中级 ○ 高级
④您使用Office办公软件的时间为？	○ 零经验	○ 1年以下	○ 1～2年 ○ 3年以上
⑤遇到Office办公软件问题时您最常用哪种方式解决问题？	○ 查找书籍	○ 求助同事	○ 上网查询 ○ 其他方式
⑥您曾经参加过几次Office办公软件的相关培训？	○ 少于1次	○ 1～2次	○ 3～5次 ○ 6次以上

培训需求　（多选项）

①在日常工作中遇到过哪些与Word有关的问题？	□ 排版格式	□ 组织架构	□ 插入图形 □ 操作不熟悉
②针对Word的培训内容，您认为需要重点讲哪些方面？	□ 文档编辑	□ 文档排版	□ 文档加密 □ 文档恢复
	□ 追踪修订	□ 邮件合并	□ 插入目录 □ 页眉页脚
③在日常工作中遇到过哪些与Excel有关的问题？	□ 数据排序	□ 公式和函数	□ 数据保护 □ 操作不熟悉
④针对Excel的培训内容，您认为需要重点讲哪些方面？	□ 数据输入方法	□ 基本公式	□ 制作图表 □ 条件格式
	□ 分类汇总	□ 数据透视表	□ 数据有效性 □ 其他
⑤在日常工作中遇到过哪些与PowerPoint有关的问题？	□ 内容编辑	□ 排版格式	□ 菜单功能 □ 操作不熟悉
⑥针对PowerPoint的培训内容，您认为需要重点讲哪些方面？	□ 幻灯片编辑	□ 使用模板	□ 插入文本框 □ 艺术字
	□ 制作图表	□ 动画效果	□ 幻灯片母版 □ 多媒体应用

补充问题　（文字描述项）

您和您所在的部门针对Office办公软件的哪些应用比较多？具体应用在哪些方面的工作（如数据统计、成果展示、客户培训等）？

您在日常工作中使用Office办公软件时还有哪些困难？

除了问卷涉及的内容，您对本次培训还有哪些建议和期望（可附纸说明）？

图 2-25　培训需求调查表

Office办公软件应用培训成绩表

序号	部门	姓名	Word	Excel	PowerPoint	平均分	成绩是否达标	排名
1	市场部	王睿钦	80	85	80	81.7	达标	11
2	物流部	文踏南	86	90	95	90.3	达标	3
3	财务部	钱新	68	70	56	64.7	未达标	16
4	市场部	英冬	92	95	100	95.7	达标	1
5	行政部	令狐颖	88	90	95	91.0	达标	2
6	物流部	柏国力	85	90	90	88.3	达标	5
7	行政部	周家树	82	85	90	85.7	达标	8
8	人力资源部	赵力	80	80	72	77.3	达标	14
9	市场部	夏蓝	80	88	80	82.7	达标	10
10	物流部	段齐	86	78	90	84.7	达标	9
11	财务部	李莫蕎	89	90	92	90.3	达标	3
12	行政部	林帝	90	75	80	81.7	达标	11
13	市场部	牛婷婷	65	70	75	70.0	未达标	15
14	市场部	米思亮	82	90	86	86.0	达标	7
15	人力资源部	柯娜	90	83	92	88.3	达标	5
16	物流部	高玲珑	72	86	78	78.7	达标	13

培训成绩分析表

分数等级	90~100	80~89	70~79	60~69	60以下
人数(人)	4	8	3	1	0
总人数(人)	16	最高分 95.7	最低分 64.7		
		优秀率 25.0%	达标率 87.5%		

表格说明：培训成绩平均分达到75分及以上为达标，不足75分为未达标。

图 2-26　员工培训成绩统计表

2.6.3　知识与技能

- 新建工作簿
- 重命名工作表
- 插入特殊符号
- 美化工作表
- 函数 AVERAGE、IF、RANK、COUNTIF、SUM、MAX 和 MIN 的应用
- 数据排序
- 条件格式

2.6.4　解决方案

任务 1　新建"培训需求调查表"工作簿

（1）启动 Excel 2016，新建一个空白工作簿。

（2）将新建的工作簿以"培训需求调查表"为名保存在"D:\公司文档\人力资源部"文件夹中。

任务 2　重命名工作表

双击"Sheet1"工作表标签，进入标签重命名状态，输入"培训调查表"，按"Enter"键确认。

任务 3　编辑"培训调查表"

（1）输入表格标题和内容。

① 选中 A1 单元格，输入"Office 办公软件应用培训需求调查表"。

② 在 A2:I23 单元格区域中输入图 2-27 所示的内容。

	A	B	C	D	E	F	G	H	I	J	K	L	M	N	O	P	Q
1	Office办公软件应用培训需求调查表																
2	公司近期将针对Microsoft Office办公软件进行应用技能培训，为了使培训能紧密结合您的工作，能为您的工作提供直接的帮助，请您根据自身实情如实填写此表，谨此感谢您的合作!																
3	使用情况（单选项）																
4	①您办公中使用Office办公软件最多的是?		Excel		Word		PowerPoint		其他								
5	②您对哪个Office办公软件最感兴趣?		Excel		Word		PowerPoint		其他								
6	您认为自己Office办公软件的使用水平属于?		入门级		初级		中级		高级								
7	您使用Office办公软件的时间为?		零经验		1年以下		1~2年		3年以上								
8	遇到Office办公软件问题时您最常用哪种方式解决问题?		查找书籍		求助同事		上网查询		其他方式								
9	您曾经参加过几次Office软件的相关培训?		少于1次		1~2次		3~5次		6次以上								
10	培训需求（多选项）																
11	在日常工作中遇到过哪些与Word有关问题?		排版格式		组织架构		插入图形		操作不熟悉								
12	针对Word的培训内容，您认为需要重点讲哪些方面?		文档编辑		文档排版		文档加密		文档恢复								
13			追踪修订		邮件合并		插入目录		页眉页脚								
14	在日常工作中遇到过哪些与Excel有关的问题?		数据排序		公式与函数		数据保护		操作不熟悉								
15	针对Excel的培训内容，您认为需要重点讲哪些方面?		数据输入		基本公式		制作图表		条件格式								
16			分类汇总		数据透视表		数据有效性		其他								
17	在日常工作中遇到过哪些与PowerPoint有关的问题?		内容t编辑		排版编辑		菜单功能		操作不熟悉								
18	针对PowerPoint的培训内容，您认为需要重点讲哪些方面?		幻灯片编辑		使用模板		插入文本框		艺术字								
19			制作图表		动画效果		幻灯片母版		多媒体应用								
20	其他问题（文字描述项）																
21	您和您所在的部门针对Office办公软件的哪些应用比较多? 具体应用在哪些方面的工作（如数据统计、成果展示、客户培训等）?																
22	您在日常工作中使用Office办公软件时还有哪些困难?																
23	除了问卷涉及的内容，您对本次培训还有哪些建议和期望（可附纸说明）																

图 2-27　"培训调查表"内容

（2）输入带括号的字母数字。

① 双击 A4 单元格，将光标置于该单元格文字的最前面。

② 单击"插入"→"符号"→"符号"按钮，打开"符号"对话框。

③ 在"符号"对话框中，设置"字体"为"宋体"，再单击"子集"列表框，在下拉列表中选择"带括号的字母数字"，如图 2-28 所示。

④ 在备选符号列表中选择"①"符号，单击"插入"按钮，将选中的"①"

微课 2-3　输入带括号的字母数字

插入 A4 单元格内的文字之前，此时"取消"按钮变为"关闭"按钮，单击"关闭"按钮，关闭"符号"对话框。

⑤ 按此操作方法，在 A5:A9 单元格区域的文字之前分别输入"②"～"⑥"，在 A11、A12、A14、A15、A17、A18 单元格中分别输入"①"～"⑥"，如图 2-29 所示。

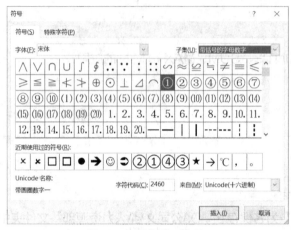

图 2-28　"符号"对话框　　　　　　　　图 2-29　输入带括号的字母数字

（3）插入特殊符号"○"。

① 同时选中 B4:B9、D4:D9、F4:F9 及 H4:H9 单元格区域。

② 单击"插入"→"符号"→"符号"按钮，打开"符号"对话框。在"符号"对话框中，设置"字体"为"宋体"，再单击"子集"列表框，在下拉列表中选择"几何图形符"，如图 2-30 所示，在备选符号列表中选择"○"符号并插入，单击"关闭"按钮关闭"符号"对话框。

③ 按"Ctrl+Enter"组合键，在选中的单元格区域中批量输入特殊符号"○"。

（4）插入特殊符号"□"。

① 同时选中 B11:B19、D11:D19、F11:F19 及 H11:H19 单元格区域。

② 打开"符号"对话框，在"几何图形符"子集的备选符号列表中选择图 2-30 所示的"□"符号。

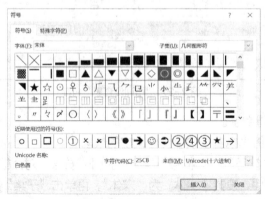

图 2-30　选择"○"符号

③ 按"Ctrl+Enter"组合键，在选中的单元格区域中批量输入特殊符号"□"。

插入特殊符号后的效果如图 2-31 所示。

A	B C	D E	F G	H I
1　Office办公软件应用培训需求调查表				
2　公司近期将针对Microsoft Office办公软件进行应用技能培训，为了使培训能紧密结合您的工作，能为您的工作提供直接的帮助，				
3　使用情况（单选项）				
4　①您办公中使用Office办公软件最多的是?	○ Excel	○ Word	○ PowerPoint	○ 其他
5　②您对哪个Office办公软件最感兴趣?	○ Excel	○ Word	○ PowerPoint	○ 其他
6　③您认为自己Office办公软件的使用水平属于?	○ 入门级	○ 初级	○ 中级	○ 高级
7　④您使用Office办公软件的时间为?	○ 零经验	○ 1年以下	○ 1~2年	○ 3年以上
8　⑤遇到Office办公软件问题时您最常用哪种方式解决问题?	○ 查找书籍	○ 求助同事	○ 上网查询	○ 其他方式
9　⑥您曾经参加过几次Office软件的相关培训?	○ 少于1次	○ 1~2次	○ 3~5次	○ 6次以上
10　培训需求（多选项）				
11　①在日常工作中遇到过哪些与Word有关问题?	□ 排版格式	□ 组织架构	□ 插入图形	□ 操作不熟悉
12　②针对Word的培训内容，您认为需要重点讲哪些方面?	□ 文档编辑	□ 文档排版	□ 文档加密	□ 文档恢复
13	□ 追踪修订	□ 邮件合并	□ 插入目录	□ 页眉页脚
14　③在日常工作中遇到过哪些与Excel有关的问题?	□ 数据排序	□ 公式和函数	□ 数据保护	□ 操作不熟悉
15　④针对Excel的培训内容，您认为需要重点讲哪些方面?	□ 数据输入	□ 基本公式	□ 制作图表	□ 条件格式
16	□ 分类汇总	□ 数据透视表	□ 数据有效性	□ 其他
17　⑤在日常工作中遇到过哪些与PowerPoint有关的问题?	□ 内容t编辑	□ 排版格式	□ 菜单功能	□ 操作不熟悉
18　⑥针对PowerPoint的培训内容，您认为需要重点讲哪些方面?	□ 幻灯片编辑	□ 使用模板	□ 插入文本框	□ 艺术字
19	□ 制作图表	□ 动画效果	□ 幻灯片母版	□ 多媒体应用

图 2-31　插入特殊符号后的效果

任务 4　美化"培训调查表"

（1）设置表格标题格式。

① 选中 A1:I1 单元格区域，设置"合并后居中"。

② 设置标题字体为"华文楷体"、字号为"18""加粗"。

（2）设置 A2:I23 单元格区域的字体为"华文细黑"、字号为"10"。

（3）选中 A2:I2 单元格区域，将其设置为"合并单元格""自动换行"。

（4）同时选中 A3:I3、A10:I10 及 A20:I20 单元格区域，设置"合并后居中"、字号为"12""加粗"，并添加"白色 背景1，深色5%"的底纹。

（5）选中 A21:I23 单元格区域，将其设置为"跨越合并"。

（6）分别将 A12:A13、A15:A16 及 A18:A19 单元格区域进行"合并单元格"操作。

（7）调整行高和列宽。

① 设置第 1 行的行高为"35"，第 2 行的行高为"45"。

② 同时选中第 3 行、第 10 行和第 20 行，设置行高为"23"。

③ 同时选中第 4~9 行、第 11~19 行，设置行高为"21"。

④ 同时选中第 21~23 行，设置行高为"80"。

⑤ 设置 A 列的列宽为"43"。

⑥ 同时选中 B 列、D 列、F 列和 H 列，设置列宽为"2.5"。

⑦ 同时选中 C 列、E 列、G 列和 I 列，设置列宽为"9"。

（8）同时选中第 21~23 行，设置单元格区域内容的对齐方式为"顶端对齐"。

（9）设置表格边框。

① 选中 A2:I23 单元格区域，单击"开始"→"字体"→"框线"下拉按钮，在打开的下拉菜单中选择"所有框线"命令；再次单击"框线"下拉按钮，在打开的下拉菜单中选择"粗外侧框线"命令。

② 擦除边框。单击"开始"→"字体"→"框线"下拉按钮，在打开的下拉菜单中选择"绘制边框"下的"擦除边框"命令，此时鼠标指针变为橡皮擦形状"✐"，在 B4:B9 和 C4:C9 单元格区域之间拖曳鼠标指针，擦除边框；采用类似的操作，将 D4:D9 和 E4:E9 单元格区域之间的边框、

F4:F9 和 G4:G9 单元格区域之间的边框、H4:H9 和 I4:I9 单元格区域之间的边框、B11:B19 和
C11:C19 单元格区域之间的边框、D11:D19 和 E11:E19 单元格区域之间的边框、F11:F19 和
G11:G19 单元格区域之间的边框、H11:H19 和 I11:I19 单元格区域之间的边框擦除。擦除后的效
果如图 2-32 所示。单击"保存"按钮或再次单击"框线"按钮，取消擦除边框的状态。

图 2-32　擦除部分边框的效果

（10）取消编辑栏和网格线的显示。

（11）设置页面格式。

① 单击"页面布局"→"页面设置"→"页面设置"按钮，打开"页面设置"对话框。

② 在"页面"选项卡中，设置纸张大小为"A4"，纸张方向为"纵向"。

③ 切换到"页边距"选项卡，设置图 2-33 所示的页边距。

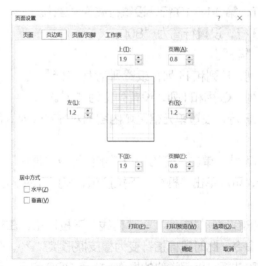

图 2-33　设置页边距

任务 5 创建"员工培训成绩统计表"

（1）启动 Excel 2016，新建一个空白工作簿。

（2）将新建的工作簿以"员工培训成绩统计表"为名保存在"D:\公司文档\人力资源部"文件夹中。

（3）将"Sheet1"工作表重命名为"培训成绩"。

（4）在"培训成绩"工作表中，输入图 2-34 所示的培训成绩。

	A	B	C	D	E	F	G	H	I
1	Office办公软件应用培训成绩表								
2	序号	部门	姓名	Word	Excel	PowerPoint	平均分	成绩是否达标	排名
3	1	市场部	王睿钦	80	85	80			
4	2	物流部	文路南	86	90	95			
5	3	财务部	钱新	68	70	56			
6	4	市场部	英冬	92	95	100			
7	5	行政部	令狐颖	88	90	95			
8	6	物流部	柏国力	85	90	90			
9	7	行政部	周家树	82	85	90			
10	8	人力资源部	赵力	80	80	72			
11	9	市场部	夏蓝	80	88	80			
12	10	物流部	段齐	86	78	90			
13	11	财务部	李莫薰	89	90	92			
14	12	行政部	林帝	90	75	80			
15	13	市场部	牛婷婷	65	70	75			
16	14	市场部	米思亮	82	90	86			
17	15	人力资源部	柯郦	90	83	92			
18	16	物流部	高玲珑	72	86	78			

图 2-34 培训成绩

任务 6 统计培训成绩

（1）统计"平均分"。

① 选中 G3 单元格。

② 单击"开始"→"编辑"→"自动求和"下拉按钮，从下拉菜单中选择"平均值"命令，自动构造出图 2-35 所示的公式。

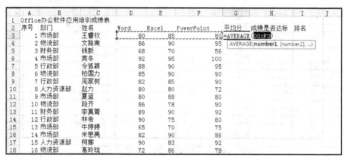

图 2-35 构造"平均分"计算公式

③ 确认参数区域正确后，按"Enter"键，得出计算结果。

④ 选中 G3 单元格，拖曳填充柄至 G18 单元格，计算出所有员工的平均分，如图 2-36 所示。

（2）显示"成绩是否达标"。

成绩达标说明：培训成绩平均分达到 75 分为达标，不足 75 分为未达标。

① 选中 H3 单元格。

② 单击"公式"→"函数库"→"插入函数"按钮，打开"插入函数"对话框。

③ 从"选择函数"列表中选择"IF"函数，单击"确定"按钮，打开"函数参数"对话框。

④ 按图 2-37 所示内容设置参数，单击"确定"按钮，得到第一个人的"成绩是否达标"。

图 2-36　统计出"平均分"

图 2-37　设置 IF 函数的参数

⑤　选中区域 H3，使用填充柄自动填充其他人员的"成绩是否达标"，如图 2-38 所示。

图 2-38　填充好所有人的"成绩是否达标"

（3）统计成绩"排名"。

①　选中 I3 单元格。

②　单击"公式"→"函数库"→"插入函数"按钮，打开"插入函数"对话框。

微课 2-4　统计"成绩"排名

③　从"选择函数"列表中选择"RANK"函数，单击"确定"按钮，打开"函数参数"对话框。

④　在"Number"处选择单元格 G3，在"Ref"处选择区域 G3:G18，并按"F4"键将区域修改为绝对引用"$G$3:$G$18"，如图 2-39 所示，单击"确定"按钮，得到第一个人的"排名"。

⑤　选中区域 I3，使用填充柄自动填充其他人员的"排名"，如图 2-40 所示。

图 2-39　设置 RANK 函数的参数

活力
小贴士

　　RANK 函数，用于返回一个数字以表示当前值在数值列表中的排位。数字大小与数值列表中的其他值相关。如果多个值具有相同的排位，则返回该组数值的最高排位。

　　语法：RANK (Number,Ref,[Order])。

　　参数说明如下。

　　① Number：需要找到排位的数字。

　　② Ref：数值列表数组或对数值列表的引用。Ref 中的非数值型值将被忽略。

　　③ Order：指明数字排位的方式。如果 Order 为 0（零）或省略，则对数字的排位是基于 Ref 按照降序排列的；如果 Order 不为 0，则对数字的排位是基于 Ref 按照升序排列的。

序号	部门	姓名	Word	Excel	PowerPoint	平均分	成绩是否达标	排名
\multicolumn{9}{l}{Office办公软件应用培训成绩表}
1	市场部	王睿钦	80	85	80	81.6667	达标	11
2	物流部	文璐南	86	90	95	90.3333	达标	3
3	财务部	钱新	68	70	56	64.6667	未达标	16
4	市场部	英冬	92	95	100	95.6667	达标	1
5	行政部	令狐颖	88	90	95	91	达标	2
6	物流部	柏initial力	85	90	90	88.3333	达标	5
7	行政部	周家树	82	85	90	85.6667	达标	8
8	人力资源部	赵力	80	80	72	77.3333	达标	14
9	市场部	夏蓝	80	88	80	82.6667	达标	10
10	物流部	段齐	86	78	90	84.6667	达标	9
11	财务部	李莫萧	89	90	92	90.3333	达标	3
12	行政部	林帝	90	75	80	81.6667	达标	11
13	市场部	牛婷婷	65	70	75	70	未达标	15
14	物流部	米思亮	82	90	86	86	达标	7
15	人力资源部	柯娜	90	83	92	88.3333	达标	5
16	物流部	高玲珑	72	86	78	78.6667	达标	13

图 2-40　填充好所有人的"排名"

任务 7　分析培训成绩

（1）复制"培训成绩"工作表，将复制的工作表重命名为"培训成绩分析"。

（2）在"Office 办公软件应用培训成绩表"下方创建图 2-41 所示的"培训成绩分析表"框架。

（3）统计"90～100"分数等级的人数。

① 选中 C23 单元格。

② 单击"公式"→"函数库"→"插入函数"按钮，打开"插入函数"对话框。

③ 从"选择函数"列表中选择"COUNTIF"函数，单击"确定"按钮，打开"函数参数"对话框。

④ 在"Range"处选择单元格区域 G3:G18，在"Criteria"处输入条件""＞=90""，如图 2-42 所示，单击"确定"按钮，统计出满足条件的人数。

	序号	部门	姓名	Word	Excel	PowerPoint	平均分	成绩是否达标	排名
	\multicolumn{9}{Office办公软件应用培训成绩统计分析表}								

Office办公软件应用培训成绩统计分析表

序号	部门	姓名	Word	Excel	PowerPoint	平均分	成绩是否达标	排名
1	市场部	王春钦	80	85	80	81.6667	达标	11
2	物流部	文路南	86	90	95	90.3333	达标	3
3	财务部	钱新	68	70	56	64.6667	未达标	16
4	市场部	英冬	92	95	100	95.6667	达标	1
5	行政部	令狐颖	88	90	95	91	达标	2
6	物流部	柏国力	85	90	90	88.3333	达标	5
7	行政部	周家树	82	85	90	85.6667	达标	8
8	人力资源部	赵力	80	80	72	77.3333	达标	14
9	市场部	夏蓝	80	88	80	82.6667	达标	10
10	物流部	段齐	86	78	90	84.6667	达标	9
11	财务部	李莫薷	89	90	92	90.3333	达标	3
12	行政部	林帝	90	75	80	81.6667	达标	11
13	市场部	牛婷婷	65	70	75	70	未达标	15
14	市场部	米思亮	82	90	86	86	达标	7
15	人力资源部	柯娜	90	83	92	88.3333	达标	5
16	物流部	高玲珑	72	86	78	78.6667	达标	13

培训成绩分析表

分数等级	90~100	80~89	70~79	60~69	60以下
人数(人)					
总人数(人)	最高分		最低分		
	优秀率		达标率		

图 2-41 "培训成绩分析表"框架

活力小贴士

COUNTIF 函数是 Excel 中对指定区域中符合指定条件的单元格计数的一个函数。

语法：COUNTIF(Range,Criteria)。

参数说明如下。

① Range：要计算其中非空单元格数目的区域，可以包含数字、数组及命名的区域或包含数字的引用，忽略空值和文本值。

② Criteria：以数字、表达式或文本形式定义的条件。

图 2-42 设置 COUNTIF 函数参数

（4）统计"80~89"分数等级的人数。

① 选中 D23 单元格。

② 输入公式"=COUNTIF(G3:G18,">=80")–COUNTIF(G3:G18,">=90")"，按"Enter"键确认，统计出"80~89"分数等级的人数。

活力小贴士

COUNTIF(G3:G18,">=80")统计出 G3:G18 单元格区域中 80 分及以上的人数，其中包括 90 分以上的人数。因此，要统计"80~89"分数等级的人数，需要减去 90 分及以上的人数。

统计"70~79"分数等级及"60~69"分数等级的人数的方法与上面类似。

（5）统计"70~79"分数等级的人数。

① 选中 E23 单元格。

② 输入公式"=COUNTIF(G3:G18,">=70")-COUNTIF(G3:G18,">=80")"，按"Enter"键确认，统计出"70~79"分数等级的人数。

（6）统计"60~69"分数等级的人数。

① 选中 F23 单元格。

② 输入公式"=COUNTIF(G3:G18,">=60")-COUNTIF(G3:G18,">=70")"，按"Enter"键确认，统计出"60~69"分数等级的人数。

（7）统计"60 以下"分数等级的人数。

① 选中 G23 单元格。

② 输入公式"=COUNTIF(G3:G18,"<60")"，按"Enter"键确认，统计出"60 以下"分数等级的人数。

（8）统计总人数。

① 选中 C24 单元格。

② 单击"开始"→"编辑"→"自动求和"按钮 Σ 自动求和，自动构造出图 2-43 所示的公式。默认选取的参数区域不正确，使用鼠标重新选择准确的参数区域"C23:G23"。

③ 按"Enter"键确认。

（9）统计最高分和最低分。

① 统计最高分。选中 E24 单元格，单击"开始"→"编辑"→"自动求和"下拉按钮，从下拉菜单中选择"最大值"命令，自动构造出图 2-44 所示的公式。默认选取的参数区域不正确，使用鼠标重新选择准确的参数区域"G3:G18"，按"Enter"键确认。

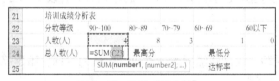

图 2-43　统计"总人数"

图 2-44　统计"最高分"

② 统计最低分。选中 G24 单元格，单击"开始"→"编辑"→"自动求和"下拉按钮，从下拉菜单中选择"最小值"命令，自动构造出公式"=MIN(G23)"。默认选取的参数区域不正确，使用鼠标重新选择准确的参数区域"G3:G18"，按"Enter"键确认。

（10）统计优秀率和达标率。

优秀率为"90~100"分数段的人数占总人数的比例，达标率为"达标"人数占总人数的比例。

① 统计优秀率。选中 E25 单元格，输入公式"=C23/C24"，按"Enter"键确认。

② 统计达标率。选中 G25 单元格，输入公式"=COUNTIF(H3:H18,"达标")/C24"，按"Enter"键确认。

任务 8　美化工作表

（1）选中"培训成绩分析"工作表。

（2）美化"Office 办公软件应用培训成绩表"表格。

图 2-45　设置"平均分"的数据格式

① 设置表格标题格式。选中 A1:I1 单元格，将其设置为"合并后居中"，设置字体为"华文新魏"、字号为"18"，并设置标题行的行高为"40"。

② 设置"平均分"的数据格式。选中 C3:G18 单元格区域，单击"开始"→"数字"→"数字格式"按钮，打开"设置单元格格式"对话框，在"数字"选项卡的"分类"列表中选择"数值"，并设置"小数位数"为 1 位，如图 2-45 所示。

③ 设置 A2:I18 单元格区域的字体为"微软雅黑"、字号为"11"，居中对齐。

④ 为 A2:I18 单元格区域添加浅蓝色内细外粗的边框。

⑤ 设置 A2:I2 单元格区域的字形为"加粗"、字体颜色为"白色，背景 1"，填充色为标准色"浅蓝"，并设置行高为"24"。

⑥ 选中 A~I 列，双击任意两列之间的列标交界处，设置合适的列宽。

⑦ 设置第 3~18 行的行高为"20"。

（3）美化"培训成绩分析表"表格。

① 设置 B21:G21 单元格区域为"合并后居中"，并设置字体为"华文隶书"、字号为"18"。

② 分别合并 B24:B25 和 C24:C25 单元格。

③ 设置 E24、G24 单元格的格式为保留 1 位小数的数值格式，设置 E25、G25 单元格的格式为保留 1 位小数的百分比格式。

④ 设置 B22:G25 单元格区域的字体为"微软雅黑"、字号为"11"，居中对齐，并设置内细外粗的浅蓝色边框。

⑤ 设置第 22~25 行的行高为"20"。

（4）在 B27 单元格中输入的内容为"表格说明：培训成绩平均分达到 75 分为达标，不足 75 分为未达标。"设置字体为"华文细黑"、字号为"10"。

（5）取消工作表编辑栏和网格线的显示。

2.6.5　项目小结

本项目通过制作"培训需求调查表"和"员工培训成绩统计表"，主要介绍了工作簿的创建，工作表重命名，插入特殊符号，使用函数 AVERAGE、IF、RANK、COUNTIF、SUM、MAX 和 MIN 进行统计和分析等。此外，本项目还介绍了合并单元格、文本换行、设置文本格式、设置数据格式、设置表格边框，以及取消工作表的编辑栏和网格线等表格的美化、修饰操作。

2.6.6　拓展项目

1. 按培训成绩名次进行升序排列

图 2-46 所示为培训成绩名次排序表。

Office办公软件应用培训成绩表

序号	部门	姓名	Word	Excel	PowerPoint	平均分	成绩是否达标	排名
4	市场部	英冬	92	95	100	95.7	达标	1
5	行政部	令狐颖	88	90	95	91.0	达标	2
2	物流部	文路南	86	90	95	90.3	达标	3
11	财务部	李藁蓠	89	90	92	90.3	达标	3
6	物流部	柏国力	85	90	90	88.3	达标	5
15	人力资源部	柯娜	90	83	92	88.3	达标	5
14	市场部	米思亮	82	90	86	86.0	达标	7
7	行政部	周家树	82	85	90	85.7	达标	8
10	物流部	段齐	86	78	90	84.7	达标	9
9	市场部	夏蓝	80	88	80	82.7	达标	10
1	市场部	王睿钦	80	85	80	81.7	达标	11
12	行政部	林帝	90	75	80	81.7	达标	11
16	物流部	高玲珑	72	86	78	78.7	达标	13
8	人力资源部	赵力	80	80	72	77.3	达标	14
13	市场部	牛婷婷	65	70	75	70.0	未达标	15
3	财务部	钱新	68	70	56	64.7	未达标	16

图 2-46　培训成绩名次排序表

2．突出显示培训成绩未达标的人员的信息

如图 2-47 所示，对培训成绩未达标的人员的信息突出显示。

Office办公软件应用培训成绩表

序号	部门	姓名	Word	Excel	PowerPoint	平均分	成绩是否达标	排名
1	市场部	王睿钦	80	85	80	81.7	达标	11
2	物流部	文路南	86	90	95	90.3	达标	3
3	财务部	钱新	68	70	56	64.7	未达标	16
4	市场部	英冬	92	95	100	95.7	达标	1
5	行政部	令狐颖	88	90	95	91.0	达标	2
6	物流部	柏国力	85	90	90	88.3	达标	5
7	行政部	周家树	82	85	90	85.7	达标	8
8	人力资源部	赵力	80	80	72	77.3	达标	14
9	市场部	夏蓝	80	88	80	82.7	达标	10
10	物流部	段齐	86	78	90	84.7	达标	9
11	财务部	李藁蓠	89	90	92	90.3	达标	3
12	行政部	林帝	90	75	80	81.7	达标	11
13	市场部	牛婷婷	65	70	75	70.0	未达标	15
14	市场部	米思亮	82	90	86	86.0	达标	7
15	人力资源部	柯娜	90	83	92	88.3	达标	5
16	物流部	高玲珑	72	86	78	78.7	达标	13

图 2-47　对培训成绩未达标的人员的信息突出显示

项目 7　员工人事档案管理

示例文件	原始文件：示例文件\素材文件\项目 7\员工人事档案表.xlsx
	效果文件：示例文件\效果文件\项目 7\员工人事档案表.xlsx

2.7.1　项目背景

整理员工人事档案是人力资源部的基础工作。员工人事档案表是企业员工的基本信息。通过员工人事档案表，企业不但可以了解员工的基本信息，还可以随时对员工的基本信息进行统计和分析等。本项目以制作"员工人事档案表"为例，介绍 Excel 2016 在员工人事档案中的应用。

2.7.2　项目效果

图 2-48 所示为"公司员工人事档案表"效果图，图 2-49 所示为"公司各学历人数统计表"效果图。

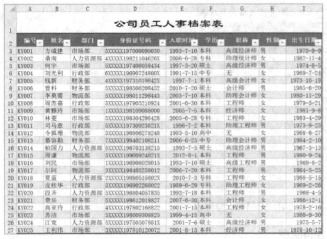

图 2-48　公司员工人事档案表

图 2-49　公司各学历人数统计表

2.7.3　知识与技能

- 新建工作簿、重命名工作表
- 数据的输入
- 设置数据验证
- IF、MOD、TEXT、MID、COUNTIF 函数的使用
- 导出文件
- 工作表的修饰

2.7.4　解决方案

任务 1　新建工作簿，重命名工作表

（1）启动 Excel 2016，新建一个空白工作簿。

（2）将新建的工作簿重命名为"员工人事档案表"，并将其保存在"D:\公司文档\人力资源部"文件夹中。

（3）将"员工人事档案表"中的"Sheet1"工作表重命名为"员工信息"。在"Sheet1"工作表标签上单击鼠标右键，在弹出的快捷菜单中选择"重命名"命令，输入新的工作表名称"员工信息"，按"Enter"键确认。

任务 2　创建"员工信息"框架

（1）输入表格标题字段。在 A1:I1 单元格区域中分别输入表格各个标题字段，如图 2-50 所示。

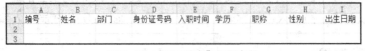

图 2-50　"员工信息"标题字段

（2）输入"编号"。

① 在 A2 单元格中输入"KY001"。

② 选中 A2 单元格，按住鼠标左键拖曳其右下角的填充柄至 A26 单元格，如图 2-51 所示。填充后的"编号"数据如图 2-52 所示。

图 2-51　拖曳填充柄填充"编号"

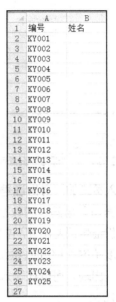

图 2-52　填充后的"编号"数据

（3）参照图 2-48 输入员工"姓名"。

任务 3　输入员工的"部门"

（1）为"部门"设置有效数据序列。

微课 2-5　为"部门"
设置有效数据序列

对于一个公司而言，它的工作部门是相对固定的一组数据，为了提高输入效率，可以为"部门"定义一组序列值，这样在输入的时候，可以直接从提供的序列值中选取。

① 选中 C2:C26 单元格区域。

② 单击"数据"→"数据工具"→"数据验证"下拉按钮，从下拉菜单中选择"数据验证"命令，打开"数据验证"对话框。

③ 在"设置"选项卡中，单击"允许"列表框，选择"序列"选项，然后在"来源"文本框中输入"行政部,人力资源部,市场部,物流部,财务部"，并勾选"提供下拉箭头"复选框，如图 2-53 所示。

④ 单击"确定"按钮。

**活力
小贴士**　　这里"行政部,人力资源部,市场部,物流部,财务部"之间的逗号","均为英文状态下的逗号。

（2）利用数据验证下拉列表输入员工的"部门"。

① 选中 C2 单元格，其右侧将出现下拉按钮⊡，单击下拉按钮，可出现图 2-54 所示的下拉列表，选择下拉列表中的值可实现数据的输入。

② 依次参照图 2-48 输入每个员工的"部门"。

图 2-53　为"部门"设置有效数据序列　　　　　图 2-54　"部门"下拉列表

任务 4　输入员工的"身份证号码"

（1）设置"身份证号码"的数据格式。

我国公民身份证号码是由 17 位数字本体码和 1 位数字校验码组成的，共 18 位。在 Excel 中，当输入的数字长度超过 11 位时，系统会自动将该数字处理为"科学计数"格式数据，如"5.10E+17"。为了防止这种情况出现，可以在输入身份证号码前，先将要输入身份证号码的单元格区域的数据格式设置为文本格式。

① 选中 D2:D26 单元格区域。

② 单击"开始"→"数字"→"数字格式"按钮，打开图 2-55 所示的"设置单元格格式"对话框。

③ 打开"数字"选项卡，在"分类"列表中选择"文本"。

图 2-55　"设置单元格格式"对话框

④ 单击"确定"按钮。

这样，在设置好的单元格区域中就可以自由地输入数字了，当输入完数字后，会在单元格左上角显示一个绿色小三角形。

输入超过 11 位的数字还有如下技巧。

① 在输入数字之前先输入英文状态下的单引号"'",如""5××××198009308825""。

② 先将要输入长数字的单元格数据格式设置为"自定义类型"中的"@"格式,然后输入数字。

(2)设置身份证号码的"数据验证"。

在 Excel 中输入数据时,有时会要求某列或某个区域的单元格数据具有唯一性,如这里要输入的身份证号码。但在输入时难免会出错致使数据相同,而又难以发现,这时可以通过"数据验证"来防止重复输入。

微课 2-6 设置身份证号码的数据验证

① 选中 D2:D26 单元格区域。

② 单击"数据"→"数据工具"→"数据验证"下拉按钮,从下拉菜单中选择"数据验证"命令,打开"数据验证"对话框。在"设置"选项卡中,单击"允许"列表框,选择"自定义"选项,然后在"公式"文本框中输入公式"=COUNTIF($D$2:$D$26,$D2)=1",如图 2-56 所示。

③ 切换到"出错警告"选项卡,在"样式"下拉列表中选择"警告",在"标题"文本框中输入"输入错误",在"错误信息"文本框中输入"身份证号码重复!",如图 2-57 所示。

图 2-56 设置验证条件

图 2-57 设置出错警告

④ 单击"确定"按钮。

设置身份证号码的唯一性验证后,如果在设定的单元格区域内输入重复的号码,就会弹出图 2-58 所示的提示对话框。

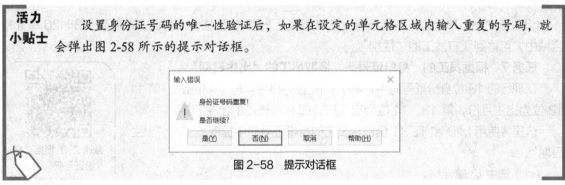

图 2-58 提示对话框

(3)参照图 2-48 输入员工的"身份证号码"。

任务 5　输入"入职时间""学历"和"职称"

（1）参照图 2-48 在 E2:E26 单元格区域中输入员工的"入职时间"。

（2）参照"部门"的输入方式，输入员工的"学历"。

（3）参照"部门"的输入方式，输入员工的"职称"。

任务 6　根据员工的"身份证号码"提取员工的"性别"

身份证号码与个人的性别、出生年月、籍贯等信息是紧密相连的，其中保存了个人的相关信息。

微课 2-7　根据"身份证号码"提取"性别"

现行的 18 位身份证号码的第 17 位代表性别，奇数为男，偶数为女。

如果能想办法从这些身份证号码中将上述个人信息提取出来，不仅快速、简便，而且不容易出错，核对时也只需要对身份证号码进行检查即可，可以大大提高工作效率。

这里，将使用 IF、MOD 和 MID 函数从身份证号码中提取员工的"性别"。

（1）选中 H2 单元格。

（2）在 H2 单元格中输入公式"=IF(MOD(MID(D2,17,1),2)=1,"男","女")"。

活力小贴士

该公式的作用为判断 D2 单元格中数值的第 17 位能否被 2 整除，如果能整除，则在 H2 单元格中显示"女"，否则，显示"男"。公式中的参数说明如下。

① MID(D2,17,1)：提取 D2 单元格中数值的第 17 位。

MID 函数：从文本字符串中指定的起始位置起，返回指定长度的字符。

语法：MID(text,start_num,num_chars)。

其中 text 是要提取字符的文本字符串，start_num 是文本中要提取的第 1 个字符的位置，num_chars 指定希望 MID 从文本字符串中返回的字符的个数。如果 start_num 加上 num_chars 超过了文本字符串的长度，则 MID 最多返回 start_num 到文本字符串末尾的字符。

② MOD(MID(D2,17,1),2)：返回 D2 单元格中数值的第 17 位除以 2 之后的余数。

MOD 函数：返回两数相除的余数。

语法：MOD(number,divisor)。

其中 number 为被除数，divisor 为除数。

③ IF(MOD(MID(D2,17,1),2)=1,"男","女")：如果除以 2 之后的余数是 1，那么 H2 单元格显示为"男"，否则显示为"女"。

（3）选中 H2 单元格，用鼠标拖曳其填充柄至 H26 单元格，即将公式复制到 H3:H26 单元格区域中，可得到所有员工的"性别"。

任务 7　根据员工的"身份证号码"提取员工的"出生日期"

在现行的 18 位身份证号码中，第 7～10 位为出生年份（4 位数），第 11、12 位为出生月份，第 13、14 位为出生日，即 8 位长度的出生日期。

这里将使用 MID 和 TEXT 函数从员工的身份证号码中提取员工的"出生日期"。

微课 2-8　根据"身份证号码"提取"出生日期"

（1）选中 I2 单元格。

（2）在 I2 单元格中输入公式"=--TEXT(MID(D2,7,8),"0-00-00")"。

**活力
小贴士**

该公式的作用是提取出身份证号码对应的出生日期部分的字符，并将提取出的文本型数据转换为数值。公式中的参数说明如下。

① MID(D2,7,8)：从 D2 单元格数值的第 7 位开始取出 8 位长度的出生日期。如身份证号码为"31068119790521××××"，取出的出生日期为"19790521"，是一个非常规格式的日期。

② TEXT(MID(D2,7,8),"0-00-00")：将提取出来的出生日期转换为文本型日期。

③ --TEXT(MID(D2,7,8),"0-00-00")：其中的"--"为"减负运算"，由两个"-"组成，可将提取出来的数据转换为真正的日期，即将文本型数据转换为数值。

（3）按"Enter"键确认，得到图 2-59 所示的出生日期值。

图 2-59　计算得到员工出生日期的数值

（4）将 I2 单元格的数据格式设置为"日期"格式。由于日期型数据为特殊数值，只需要按前面讲过的设置单元格格式的操作将"数字"格式设置为"日期"格式即可。

（5）选中设置好的 I2 单元格，拖曳填充柄至 I26 单元格，将其公式和格式复制到 I3:I26 单元格区域，可得到所有员工的"出生日期"。

（6）保存文档。

提取"性别"和"出生日期"后的工作表如图 2-60 所示。

	A	B	C	D	E	F	G	H	I
1	编号	姓名	部门	身份证号码	入职时间	学历	职称	性别	出生日期
2	KY001	方成建	市场部	5XXXXX197009090030	1993-7-10	本科	高级经济师	男	1970-9-9
3	KY002	桑南	人力资源部	4XXXXX19821104626X	2006-6-28	专科	助理统计师	女	1982-11-4
4	KY003	何宇	市场部	5XXXXX197408058434	1997-3-20	硕士	高级经济师	男	1974-8-5
5	KY004	刘光利	行政部	6XXXXX19690724800X	1991-7-15	中专	无	女	1969-7-24
6	KY005	钱新	财务部	4XXXXX19731019842X	1997-7-1	本科	高级会计师	女	1973-10-19
7	KY006	曾莉	财务部	5XXXXX198506208452	2010-7-20	硕士	会计师	男	1985-6-20
8	KY007	李莫薷	物流部	5XXXXX198011298443	2003-7-10	本科	助理会计师	女	1980-11-29
9	KY008	周苏嘉	行政部	3XXXXX197905210924	2001-6-30	本科	工程师	女	1979-5-21
10	KY009	黄雅玲	市场部	1XXXXX198109088000	2005-7-5	本科	经济师	女	1981-9-8
11	KY010	林菱	市场部	5XXXXX198304298428	2005-6-28	专科	工程师	女	1983-4-29
12	KY011	司马意	行政部	5XXXXX19730923821X	1996-7-2	本科	助理工程师	男	1973-9-23
13	KY012	令狐珊	物流部	5XXXXX196806278248	1993-5-10	高中	无	女	1968-6-27
14	KY013	慕容勤	财务部	7XXXXX198402108211	2006-6-25	中专	助理会计师	男	1984-2-10
15	KY014	柏国力	人力资源部	5XXXXX196703138215	1993-7-5	硕士	高级经济师	男	1967-3-13
16	KY015	周谦	物流部	5XXXXX19900924821X	2012-8-1	本科	工程师	男	1990-9-24
17	KY016	刘民	市场部	1XXXXX196908028015	1993-7-10	硕士	高级工程师	男	1969-8-2
18	KY017	尔阿	物流部	3XXXXX198405258012	2006-7-20	本科	工程师	男	1984-5-25
19	KY018	夏蓝	人力资源部	2XXXXX19880515802X	2010-7-3	专科	工程师	女	1988-5-15
20	KY019	皮桂华	行政部	5XXXXX196902268022	1989-6-29	本科	助理工程师	女	1969-2-26
21	KY020	段齐	人力资源部	5XXXXX196804057835	1993-7-18	本科	工程师	男	1968-4-5
22	KY021	费乐	财务部	5XXXXX198612018827	2007-6-30	本科	会计师	男	1986-12-1
23	KY022	高亚玲	行政部	4XXXXX197802168822	2001-7-15	本科	工程师	女	1978-2-16
24	KY023	苏洁	市场部	5XXXXX198009308825	1999-4-15	高中	无	女	1980-9-30
25	KY024	江宽	物流部	5XXXXX19750507881X	2001-7-6	硕士	高级经济师	男	1975-5-7
26	KY025	王利伟	市场部	3XXXXX197810120072	2001-8-15	本科	经济师	男	1978-10-12

图 2-60　根据身份证号码提取"性别"和"出生日期"

任务 8　导出"员工信息"工作表

"员工信息"工作表编辑完毕，可以将此表导出。当其他工作需要员工信息时，如要建立员工信息数据库时，就不必重新输入数据。

（1）选中"员工信息"工作表。

（2）选择"文件"→"另存为"命令，打开"另存为"对话框。

（3）将"员工信息"工作表保存为"带格式文本文件（空格分隔）"类型，保存位置为"D:\公司文档\人力资源部"中，文件名为"员工信息"，如图 2-61 所示。

（4）单击"保存"按钮，弹出图 2-62 所示的提示框。

（5）单击"是"按钮，完成文件的导出，导出的文件格式为".prn"。

（6）关闭"员工人事档案表"工作簿。

图 2-61 "另存为"对话框

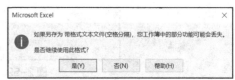

图 2-62 保存为"带格式文本文件（空格分隔）"时的提示框

任务 9 使用"套用表格格式"美化"员工信息"工作表

为了进一步对"员工信息"工作表进行美化，可以对表格的字体、边框、底纹、对齐方式等进行设置。使用"套用表格格式"可以简单、快捷地对工作表进行格式化。

（1）打开"员工人事档案表"工作簿。

（2）选中 A1:I26 单元格区域。

（3）单击"开始"→"样式"→"套用表格格式"按钮，打开图 2-63 所示的"套用表格格式"下拉菜单。

（4）从下拉菜单中选择"蓝色，表样式中等深浅 6"，打开图 2-64 所示的"创建表"对话框，保持默认的数据区域不变，单击"确定"按钮，将选定的表样式应用到所选的区域，如图 2-65 所示。

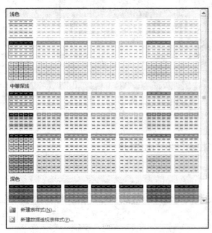

图 2-63 "套用表格格式"下拉菜单

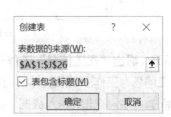

图 2-64 "创建表"对话框

图2-65 套用表格格式后的工作表

任务10 使用手动方式美化"员工信息"工作表

由于"套用表格格式"种类有限而且样式比较固定,所以在使用"套用表格格式"进行工作表美化的基础上,可以进一步手动地对工作表进行修饰。

(1)在表格之前插入一行空行作为标题行。

① 将光标置于第1行的任一单元格中。

② 单击"开始"→"单元格"→"插入"下拉按钮,打开图2-66所示的"插入"下拉菜单,选择"插入工作表行"命令,在表格原来的第1行上方插入一行空行。

(2)制作表格标题。

① 选中A1单元格。

② 输入表格标题"公司员工人事档案表"。

③ 选中A1:I1单元格区域,单击"开始"→"对齐方式"→"合并后居中"按钮。

④ 将标题的文字格式设置为"隶书、22磅"。

(3)设置表格边框。

① 选中A2:I27单元格区域。

② 单击"开始"→"数字"→"数字格式"按钮,打开"设置单元格格式"对话框,打开"边框"选项卡,如图2-67所示。

③ 在"样式"列表中选择"细实线"(第1列第7行),再在"颜色"下拉列表中选择"白色,背景1,深色35%",然后单击"预置"中的"内部"按钮,为表格添加内框线。

④ 在"样式"列表中选择"粗实线"(第2列第5行),再在"颜色"下拉列表中选择"自动",然后单击"预置"中的"外边框"按钮,为表格添加外框线。

(4)调整行高。

① 选中第1行,设置行高为"40"。

② 选中第2行,设置行高为"25"。

(5)将第2行的列标题对齐方式设置为"水平居中"。

设置好格式的表格如图2-48所示。

图 2-66 "插入"下拉菜单　　　　图 2-67 "设置单元格格式"对话框中的"边框"选项卡

任务 11　统计各学历的人数

（1）创建新工作表"统计各学历人数"。

① 单击"员工信息"工作表标签右侧的"新工作表"按钮⊕，添加一张新工作表，并将新工作表重命名为"统计各学历人数"。

② 在"统计各学历人数"工作表中创建图 2-68 所示的框架。

（2）统计各学历人数。

① 选中 C4 单元格。

② 单击"公式"→"函数库"→"插入函数"按钮，打开图 2-69 所示的"插入函数"对话框，从"或选择类别"下拉列表中选择"统计"，再从"选择函数"列表中选择"COUNTIF"。

图 2-68 "统计各学历人数"的框架

图 2-69 "插入函数"对话框

③ 单击"确定"按钮，打开"函数参数"对话框，将光标置于"Range"文本框中，单击选中"员工信息"工作表，选择 F3:F27 单元格区域，得到统计范围"表 1[学历]"；设置统计的条件参数"Criteria"为 B4，如图 2-70 所示。

④ 单击"确定"按钮，得到"硕士"人数。

⑤ 利用自动填充可统计出各学历的人数，如图 2-49 所示。

图 2-70 "函数参数"对话框

活力小贴士 由于 Excel 2016 在套用表格格式的过程中自动嵌套了创建列表功能，如图 2-71 所示，在编辑栏的"名称框"中可见已创建了"表 1"。因此，在上文中选中统计区域时显示为"表 1"。由于选中的 F3:F27 单元格区域正好就是表 1 的学历字段区域，因此，上文中的统计范围将显示为"表 1[学历]"。

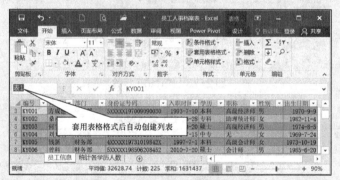

图 2-71 套用表格格式后自动创建列表

 套用表格格式后，若想使表格除了套用的格式外，还具备普通数据区域的功能（如"分类汇总"），需将套用了表格格式的表格转换为区域，方可按普通数据区域处理。

2.7.5 项目小结

本项目通过制作"员工人事档案表"，主要介绍了创建工作簿、重命名工作表、数据的输入技巧、数据验证设置，以及 IF、MOD、TEXT、MID、AVERAGE 等函数的使用。此外，本项目还介绍了为便于利用数据，将生成的员工信息数据导出为"带格式文本文件（空格分隔）"的操作方法；在编辑好的表格的基础上，使用"套用表格格式"和手动方式对工作表进行美化、修饰的操作方法；通过 COUNTIF 函数对各学历人数进行统计分析等的操作方法。

2.7.6 拓展项目

1. 统计各部门员工的人数

统计各部门员工的人数如图 2-72 所示。

2. 统计员工年龄

统计员工年龄如图 2-73 所示。

3. 统计员工工龄

统计员工工龄如图 2-74 所示。

公司各部门人数统计表

部门	人数
行政部	5
人力资源部	5
市场部	7
物流部	4
财务部	4

图 2-72 统计各部门员工的人数

公司员工人事档案表

编号	姓名	部门	身份证号码	入职时间	学历	职称	年龄	性别	出生日期
KY001	方成建	市场部	5XXXXX197009090030	1993-7-10	本科	高级经济师	51	男	1970-9-9
KY002	桑南	人力资源部	4XXXXX19821104626X	2006-6-28	专科	助理统计师	39	女	1982-11-4
KY003	何宇	市场部	5XXXXX197408058434	1997-3-20	硕士	高级经济师	47	男	1974-8-5
KY004	刘光利	行政部	6XXXXX19690724800X	1991-7-15	中专	无	52	女	1969-7-24
KY005	钱新	财务部	4XXXXX19731019842X	1997-7-1	本科	高级会计师	48	女	1973-10-19
KY006	曾科	财务部	5XXXXX198506208452	2010-7-20	硕士	会计师	36	男	1985-6-20
KY007	李莫薷	物流部	5XXXXX198011298443	2003-7-10	本科	助理会计师	41	女	1980-11-29
KY008	周苏嘉	行政部	3XXXXX197905210924	2001-6-30	本科	工程师	42	女	1979-5-21
KY009	黄雅玲	市场部	1XXXXX198109088000	2005-7-5	本科	经济师	40	女	1981-9-8
KY010	林菱	市场部	5XXXXX198304298428	2005-6-28	专科	工程师	38	女	1983-4-29
KY011	司马意	行政部	5XXXXX19730923821X	1996-7-2	本科	助理工程师	48	男	1973-9-23
KY012	令狐珊	物流部	3XXXXX196806278248	1993-5-10	高中	无	53	女	1968-6-27
KY013	慕容勤	财务部	7XXXXX198402108211	2006-6-25	中专	助理会计师	37	男	1984-2-10
KY014	柏国力	人力资源部	5XXXXX196703138215	1993-7-5	硕士	高级经济师	54	男	1967-3-13
KY015	周谦	物流部	5XXXXX19900924821X	2012-8-1	本科	工程师	31	男	1990-9-24
KY016	刘民	市场部	1XXXXX196908028015	1993-7-10	硕士	高级工程师	52	男	1969-8-2
KY017	尔阿	物流部	3XXXXX198405258012	2006-7-20	本科	工程师	37	男	1984-5-25
KY018	夏蓝	人力资源部	2XXXXX19880515802X	2010-7-3	专科	工程师	33	女	1988-5-15
KY019	皮桂华	行政部	5XXXXX196902268022	1989-6-29	专科	助理工程师	52	女	1969-2-26
KY020	段齐	人力资源部	5XXXXX196804057835	1993-7-18	本科	工程师	53	男	1968-4-5
KY021	费乐	财务部	5XXXXX198612018827	2007-6-30	本科	会计师	35	女	1986-12-1
KY022	高亚玲	行政部	4XXXXX197802168822	2001-7-15	本科	工程师	43	女	1978-2-16
KY023	苏洁	市场部	5XXXXX198009308825	1999-4-15	高中	无	41	女	1980-9-30
KY024	江宽	人力资源部	5XXXXX19750507881X	2001-7-6	硕士	高级经济师	46	男	1975-5-7
KY025	王利伟	市场部	3XXXXX197810120072	2001-8-15	本科	经济师	43	男	1978-10-12

图 2-73 统计员工年龄

公司员工人事档案表

编号	姓名	部门	身份证号码	入职时间	工龄	学历	职称	性别	出生日期
KY001	方成建	市场部	5XXXXX197009090030	1993-7-10	28	本科	高级经济师	男	1970-9-9
KY002	桑南	人力资源部	4XXXXX19821104626X	2006-6-28	15	专科	助理统计师	女	1982-11-4
KY003	何宇	市场部	5XXXXX197408058434	1997-3-20	24	硕士	高级经济师	男	1974-8-5
KY004	刘光利	行政部	6XXXXX19690724800X	1991-7-15	30	中专	无	女	1969-7-24
KY005	钱新	财务部	4XXXXX19731019842X	1997-7-1	24	本科	高级会计师	女	1973-10-19
KY006	曾科	财务部	5XXXXX198506208452	2010-7-20	11	硕士	会计师	男	1985-6-20
KY007	李莫薷	物流部	5XXXXX198011298443	2003-7-10	18	本科	助理会计师	女	1980-11-29
KY008	周苏嘉	行政部	3XXXXX197905210924	2001-6-30	20	本科	工程师	女	1979-5-21
KY009	黄雅玲	市场部	1XXXXX198109088000	2005-7-5	16	本科	经济师	女	1981-9-8
KY010	林菱	市场部	5XXXXX198304298428	2005-6-28	16	专科	工程师	女	1983-4-29
KY011	司马意	行政部	5XXXXX19730923821X	1996-7-2	25	本科	助理工程师	男	1973-9-23
KY012	令狐珊	物流部	3XXXXX196806278248	1993-5-10	28	高中	无	女	1968-6-27
KY013	慕容勤	财务部	7XXXXX198402108211	2006-6-25	15	中专	助理会计师	男	1984-2-10
KY014	柏国力	人力资源部	5XXXXX196703138215	1993-7-5	28	硕士	高级经济师	男	1967-3-13
KY015	周谦	物流部	5XXXXX19900924821X	2012-8-1	9	本科	工程师	男	1990-9-24
KY016	刘民	市场部	1XXXXX196908028015	1993-7-10	28	硕士	高级工程师	男	1969-8-2
KY017	尔阿	物流部	3XXXXX198405258012	2006-7-20	15	本科	工程师	男	1984-5-25
KY018	夏蓝	人力资源部	2XXXXX19880515802X	2010-7-3	11	专科	工程师	女	1988-5-15
KY019	皮桂华	行政部	5XXXXX196902268022	1989-6-29	32	专科	助理工程师	女	1969-2-26
KY020	段齐	人力资源部	5XXXXX196804057835	1993-7-18	28	本科	工程师	男	1968-4-5
KY021	费乐	财务部	5XXXXX198612018827	2007-6-30	14	本科	会计师	女	1986-12-1
KY022	高亚玲	行政部	4XXXXX197802168822	2001-7-15	20	本科	工程师	女	1978-2-16
KY023	苏洁	市场部	5XXXXX198009308825	1999-4-15	22	高中	无	女	1980-9-30
KY024	江宽	人力资源部	5XXXXX19750507881X	2001-7-6	20	硕士	高级经济师	男	1975-5-7
KY025	王利伟	市场部	3XXXXX197810120072	2001-8-15	20	本科	经济师	男	1978-10-12

图 2-74 统计员工工龄

项目 8 员工工资管理

示例文件	
	原始文件：示例文件\素材文件\项目 8\员工工资管理表.xlsx 效果文件：示例文件\效果文件\项目 8\员工工资管理表.xlsx

2.8.1 项目背景

员工工资的管理工作是企业人力资源部工作的一个重要组成部分。员工工资管理主要包括清晰明了地列出员工的工资明细、统计员工的扣款项目、核算员工的工资收入等。制作工资表通常需要综合大量的数据，如基本工资、绩效工资、补贴、扣款项等。本项目通过制作“员工工资管理表”来介绍 Excel 2016 软件在员工工资管理方面的应用。

2.8.2 项目效果

“员工工资明细表”如图 2-75 所示，“工资查询表”如图 2-76 所示。

员工工资明细表

编号	姓名	部门	基本工资	绩效工资	工龄工资	加班费	应发工资	养老保险	医疗保险	失业保险	考勤扣款	应税工资	个人所得税	实发工资
KY001	方成建	市场部	8,800.00	2,640.00	800.00	-	12,240.00	915.20	228.80	114.40	293.00	5,981.60	179.45	10,509.00
KY002	桑南	人力资源部	4,000.00	1,200.00	800.00	382.50	6,382.50	416.00	104.00	52.00	-	810.50	24.32	5,786.00
KY003	何宇	市场部	8,800.00	2,640.00	800.00	666.00	12,906.00	915.20	228.80	114.40	732.50	6,647.60	199.43	10,716.00
KY004	刘光利	行政部	3,800.00	1,140.00	800.00	240.00	5,980.00	395.20	98.80	49.40	-	436.60	13.10	5,424.00
KY005	钱新	财务部	8,800.00	2,640.00	800.00	360.75	12,600.75	915.20	228.80	114.40	-	6,342.35	190.27	11,152.00
KY006	曾科	财务部	5,000.00	1,500.00	600.00	-	7,100.00	520.00	130.00	65.00	125.25	1,385.00	41.55	6,218.00
KY007	李莫薷	物流部	4,000.00	1,200.00	800.00	76.50	6,076.50	416.00	104.00	52.00	66.50	504.50	15.14	5,423.00
KY008	周苏嘉	行政部	5,500.00	1,650.00	800.00	-	7,950.00	572.00	143.00	71.50	50.00	2,163.50	64.91	7,049.00
KY009	黄雅玲	市场部	5,800.00	1,740.00	800.00	576.00	8,916.00	603.20	150.80	75.40	96.50	3,086.60	92.60	7,898.00
KY010	林菱	市场部	5,000.00	1,500.00	800.00	-	7,300.00	520.00	130.00	65.00	41.75	1,585.00	47.55	6,496.00
KY011	司马意	行政部	4,000.00	1,200.00	800.00	191.25	6,191.25	416.00	104.00	52.00	100.00	619.25	18.58	5,501.00
KY012	令狐珊	物流部	3,800.00	1,140.00	800.00	-	5,740.00	395.20	98.80	49.40	50.00	196.60	5.90	5,141.00
KY013	慕容勤	财务部	4,000.00	1,200.00	800.00	-	6,000.00	416.00	104.00	52.00	-	428.00	12.84	5,415.00
KY014	柏国力	人力资源部	8,800.00	2,640.00	800.00	166.50	12,406.50	915.20	228.80	114.40	-	6,148.10	184.44	10,964.00
KY015	周谦	物流部	5,500.00	1,650.00	500.00	414.00	8,064.00	572.00	143.00	71.50	-	2,277.50	68.33	7,209.00
KY016	刘民	市场部	8,000.00	2,400.00	800.00	-	11,200.00	832.00	208.00	104.00	317.00	5,056.00	151.68	9,587.00
KY017	尔阿	物流部	5,800.00	1,740.00	800.00	342.00	8,682.00	603.20	150.80	75.40	-	2,852.60	85.58	7,767.00
KY018	夏蕾	人力资源部	5,500.00	1,650.00	600.00	-	7,750.00	572.00	143.00	71.50	45.75	1,963.50	58.91	6,859.00
KY019	皮桂华	行政部	4,000.00	1,200.00	800.00	127.50	6,127.50	416.00	104.00	52.00	133.00	555.50	16.67	5,406.00
KY020	段齐	人力资源部	5,500.00	1,650.00	800.00	-	7,950.00	572.00	143.00	71.50	-	2,163.50	64.91	7,099.00
KY021	费乐	财务部	5,800.00	1,740.00	750.00	108.00	8,398.00	603.20	150.80	75.40	150.00	2,568.60	77.06	7,342.00
KY022	高亚玲	行政部	5,500.00	1,650.00	800.00	293.25	8,243.25	572.00	143.00	71.50	274.50	2,456.75	73.70	7,109.00
KY023	苏洁	市场部	4,000.00	1,200.00	800.00	382.50	6,382.50	416.00	104.00	52.00	66.50	810.50	24.32	5,720.00
KY024	江宽	人力资源部	8,800.00	2,640.00	800.00	277.50	12,517.50	915.20	228.80	114.40	73.25	6,259.10	187.77	10,998.00
KY025	王利伟	市场部	5,800.00	1,740.00	800.00	648.00	8,988.00	603.20	150.80	75.40	-	3,158.60	94.76	8,064.00

图 2-75　员工工资明细表

工资查询表

员工号	KY001	姓名	方成建	部门	市场部
基本工资	8800	养老保险	915.2	应发工资	12240
绩效工资	2640	医疗保险	228.8	应税工资	5981.6
工龄工资	800	失业保险	114.4	个人所得税	179.448
加班费	0	考勤扣款	293	实发工资	10509

图 2-76　工资查询表

2.8.3 知识与技能

- 新建工作簿
- 重命名工作表
- 导入外部数据
- DATEDIF、ROUND、VLOOKUP、IF 函数的使用
- 公式的使用
- 制作数据透视表
- 制作数据透视图

2.8.4 解决方案

任务 1　新建工作簿，重命名工作表

（1）启动 Excel 2016，新建一个空白工作簿。

（2）将新建的工作簿以"员工工资管理表"为名保存在"D:\公司文档\人力资源部"文件夹中。

（3）将工作簿中的"Sheet1"工作表重命名为"工资基础信息"。

任务 2　导入"员工信息"

将前面制作"员工人事档案表"时导出的"员工信息"数据导入当前工作表中，作为员工"工资基础信息"的数据。

微课 2-10　导入
"员工信息"

（1）选中"工资基础信息"工作表。

（2）单击"数据"→"获取外部数据"→"自文本"按钮，打开"导入文本文件"对话框，再选择"D:\公司文档\人力资源部"文件夹中的"员工信息"文件，如图 2-77 所示。

图 2-77　"导入文本文件"对话框

（3）单击"导入"按钮，弹出图 2-78 所示的"文件导入向导-第 1 步，共 3 步"对话框，在"原始数据类型"处选中"固定宽度"单选按钮；在"导入起始行"文本框中保持默认值"1"不变；在"文件原始格式"下拉列表中选择"936：简体中文（GB2312）"，如图 2-79 所示。

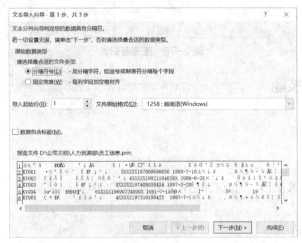

图 2-78　"文本导入向导-第 1 步，共 3 步"对话框

图 2-79　设置原始数据类型、导入起始行和文件原始格式

　　因为文本文件中的列一般是用制表符、逗号或空格来分隔的，在前文从"员工人事档案表"中导出"员工信息"时，是以"带格式文本文件（空格分隔）"类型保存的，所以这里也可以选中"分隔符号"单选按钮。

（4）单击"下一步"按钮，设置字段宽度（列间隔），如图 2-80 所示。在图 2-80 中可见，部分列间缺少分列线，如"部门"和"身份证号码"，"入职时间"和"学历"，"职称"和"性别"，需要在相应位置单击以建立分列线。拖曳水平滚动条和垂直滚动条，将所有需要导入的数据检查一遍，使数据分别处于对应的分列线之间，如图 2-81 所示。

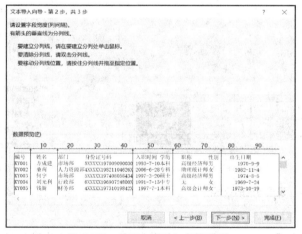

图 2-80　设置字段宽度（列间隔）

　　设置字段宽度时，在"数据预览"区域内，有箭头的垂直线便是分列线，如果要建立分列线，请在要建立分列线处单击；如果要清除分列线，请双击分列线；如果要移动分列线，请按住分列线并拖曳至指定位置。

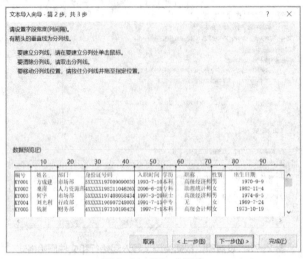

图 2-81　添加分列线

（5）单击"下一步"按钮，设置每列的数据格式，如图 2-82 所示。默认设置"列数据格式"为"常规"。这里，将"身份证号码"数据格式设置为"文本"，将"入职时间"和"出生日期"数据格式设置为"日期"，其余列使用默认格式"常规"。

（6）单击"完成"按钮，打开图 2-83 所示的"导入数据"对话框。设置数据的放置位置为"现有工作表"的"=$A$1"单元格。

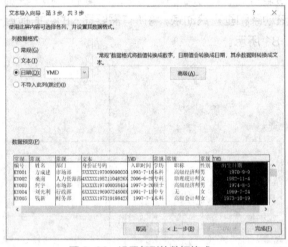

图 2-82　设置每列的数据格式

图 2-83　"导入数据"对话框

> **活力小贴士**　　要在某工作表中放置数据处理的结果，可以只选择放置位置开始的单元格，Excel 会自动根据来源数据区域的形状排列结果，无须把结果区域全部选中，因为操作者可能不知道结果会放置于哪些具体的单元格中。

（7）单击"确定"按钮，返回"工资基础信息"工作表，文本文件"员工信息"的数据被导入工作表中，如图 2-84 所示。

	A	B	C	D	E	F	G	H	I
1	编号	姓名	部门	身份证号码	入职时间	学历	职称	性别	出生日期
2	KY001	方成建	市场部	5XXXXX197009090030	1993-7-10	本科	高级经济师	男	1970-9-9
3	KY002	桑南	人力资源部	4XXXXX19821104626X	2006-6-28	专科	助理统计师	女	1982-11-4
4	KY003	何宇	市场部	1XXXXX197408058434	1997-3-20	硕士	高级经济师	男	1974-8-5
5	KY004	刘光利	行政部	6XXXXX19690724800X	1991-7-15	中专	无	女	1969-7-24
6	KY005	钱新	财务部	4XXXXX19731019842X	1997-7-1	本科	高级会计师	男	1973-10-19
7	KY006	曾科	财务部	5XXXXX198506208452	2010-7-20	硕士	会计师	男	1985-6-20
8	KY007	李莫薷	物流部	5XXXXX198011298443	2003-7-10	本科	助理会计师	女	1980-11-29
9	KY008	周苏嘉	行政部	3XXXXX197905210924	2001-6-30	本科	工程师	女	1979-5-21
10	KY009	黄雅玲	市场部	1XXXXX198109088000	2005-7-5	本科	经济师	女	1981-9-8
11	KY010	林菱	市场部	5XXXXX198304298428	2005-6-28	专科	工程师	男	1983-4-29
12	KY011	司马意	行政部	5XXXXX19730923821X	1996-7-2	本科	助理工程师	男	1973-9-23
13	KY012	令狐珊	物流部	3XXXXX196806278248	1993-5-10	高中	无	女	1968-6-27
14	KY013	慕容勤	财务部	7XXXXX198402108211	2006-6-25	中专	助理会计师	男	1984-2-10
15	KY014	柏国力	人力资源部	5XXXXX196703138215	1993-7-5	硕士	高级经济师	男	1967-3-13
16	KY015	周谦	市场部	1XXXXX19900924821X	2012-8-1	本科	工程师	男	1990-9-24
17	KY016	刘民	市场部	1XXXXX196908028015	1993-7-10	硕士	高级工程师	男	1969-8-2
18	KY017	尔阿	市场部	3XXXXX198405258012	2006-7-20	本科	工程师	男	1984-5-25
19	KY018	夏蓝	人力资源部	2XXXXX19880515802X	2010-7-3	专科	工程师	女	1988-5-15
20	KY019	皮桂华	行政部	5XXXXX196902268022	1989-6-29	专科	助理工程师	女	1969-2-26
21	KY020	段齐	人力资源部	5XXXXX196804057835	1993-7-18	本科	工程师	男	1968-4-5
22	KY021	费乐	财务部	5XXXXX198612018827	2007-6-30	本科	会计师	女	1986-12-1
23	KY022	高亚玲	行政部	4XXXXX197802168822	2001-7-15	本科	工程师	女	1978-2-16
24	KY023	苏洁	市场部	5XXXXX198009308825	1999-4-15	高中	无	女	1980-9-30
25	KY024	江宽	人力资源部	1XXXXX19750507881X	2001-7-6	硕士	高级经济师	男	1975-5-7
26	KY025	王利伟	市场部	3XXXXX197810120072	2001-8-15	本科	经济师	男	1978-10-12

图 2-84 导入的"员工信息"数据

活力小贴士 　除了可以导入文本文件之外，还可以导入其他格式的文件到 Excel 工作表中，如 Access 数据库文件、网页文件、SQL Server 文件、XML 文件等，如图 2-85 所示。

图 2-85 数据源

任务 3　编辑"工资基础信息"工作表

（1）选中"工资基础信息"工作表。

（2）删除"身份证号码""学历""职称""性别"和"出生日期"列的数据。

① 按住"Ctrl"键，分别选中"身份证号码""学历""职称""性别"和"出生日期"列的数据。

② 单击"开始"→"单元格"→"删除"下拉按钮，从下拉菜单中选择"删除工作表列"命令。删除数据后的工作表如图 2-86 所示。

（3）分别在 E1、F1、G1 单元格中输入标题字段名称"基本工资""绩效工资"和"工龄工资"。

（4）参照图 2-87 输入"基本工资"数据。

（5）计算"绩效工资"。

计算公式为"绩效工资=基本工资×30%"。

① 选中 F2 单元格。

A	B	C	D
1	编号	姓名	部门	入职时间
2	KY001	方成建	市场部	1993-7-10
3	KY002	桑南	人力资源部	2006-6-28
4	KY003	何宇	市场部	1997-3-20
5	KY004	刘光利	行政部	1991-7-15
6	KY005	钱新	财务部	1997-7-1
7	KY006	曾科	财务部	2010-7-20
8	KY007	李莫薷	物流部	2003-7-10
9	KY008	周苏嘉	行政部	2001-6-30
10	KY009	黄雅玲	市场部	2005-7-5
11	KY010	林菱	市场部	2005-6-28
12	KY011	司马意	行政部	1996-7-2
13	KY012	令狐珊	物流部	1993-5-10
14	KY013	慕容勤	财务部	2006-6-25
15	KY014	柏国力	人力资源部	1993-7-5
16	KY015	周谦	物流部	2012-8-1
17	KY016	刘民	市场部	1993-7-10
18	KY017	尔阿	物流部	2006-7-20
19	KY018	夏蓝	人力资源部	2010-7-3
20	KY019	皮桂华	行政部	1989-6-29
21	KY020	段齐	人力资源部	1993-7-18
22	KY021	费乐	财务部	2007-6-30
23	KY022	高亚玲	行政部	2001-7-15
24	KY023	苏洁	市场部	1999-4-15
25	KY024	江宽	人力资源部	2001-7-6
26	KY025	王利伟	市场部	2001-8-15

图 2-86　删除数据后的工作表

A	B	C	D	E	F	G
1	编号	姓名	部门	入职时间	基本工资	绩效工资	工龄工资
2	KY001	方成建	市场部	1993-7-10	8800		
3	KY002	桑南	人力资源部	2006-6-28	4000		
4	KY003	何宇	市场部	1997-3-20	8800		
5	KY004	刘光利	行政部	1991-7-15	3800		
6	KY005	钱新	财务部	1997-7-1	8800		
7	KY006	曾科	财务部	2010-7-20	5000		
8	KY007	李莫薷	物流部	2003-7-10	4000		
9	KY008	周苏嘉	行政部	2001-6-30	5500		
10	KY009	黄雅玲	市场部	2005-7-5	5800		
11	KY010	林菱	市场部	2005-6-28	5000		
12	KY011	司马意	行政部	1996-7-2	4000		
13	KY012	令狐珊	物流部	1993-5-10	3800		
14	KY013	慕容勤	财务部	2006-6-25	4000		
15	KY014	柏国力	人力资源部	1993-7-5	8800		
16	KY015	周谦	物流部	2012-8-1	5500		
17	KY016	刘民	市场部	1993-7-10	8000		
18	KY017	尔阿	物流部	2006-7-20	5800		
19	KY018	夏蓝	人力资源部	2010-7-3	5500		
20	KY019	皮桂华	行政部	1989-6-29	4000		
21	KY020	段齐	人力资源部	1993-7-18	5500		
22	KY021	费乐	财务部	2007-6-30	5500		
23	KY022	高亚玲	行政部	2001-7-15	5500		
24	KY023	苏洁	市场部	1999-4-15	4000		
25	KY024	江宽	人力资源部	2001-7-6	8800		
26	KY025	王利伟	市场部	2001-8-15	5800		

图 2-87　员工"基本工资"数据

② 输入公式"=E2*0.3"，按"Enter"键确认。

③ 选中 F2 单元格，拖曳填充柄至 F26 单元格，将公式复制到 F3:F26 单元格区域中，可得到所有员工的绩效工资。

（6）计算"工龄工资"。

假设"工龄"超过 15 年的员工的工龄工资为 800 元，否则，工龄工资按每年 50 元计算（本项目截止日期为 2021 年 11 月 29 日）。

① 选中 G2 单元格。

② 单击"公式"→"函数库"→"插入函数"按钮，打开"插入函数"对话框，在"选择函数"列表中选择"IF"，单击"确认"按钮，打开"函数参数"对话框，参照图 2-88 设置 IF 函数的参数。

图 2-88　设置 IF 函数的参数

活力小贴士

这里的公式"DATEDIF(D2,TODAY(),"Y")"用于求取员工的工龄。关于函数 DATEDIF 的说明如下。

① 功能：求两个指定日期间的时间间隔数值。

② 语法：DATEDIF(date1,date2,interval)。

其中 interval 表示时间间隔，其值可以为"Y""M""D"等，分别表示为"年""月""日"等。

③ 选中 G2 单元格，拖曳填充柄至 G26 单元格，将公式复制到 G3:G26 单元格区域中，可得到所有员工的工龄工资。

创建好的"工资基础信息"工作表如图 2-89 所示。

	A	B	C	D	E	F	G
1	编号	姓名	部门	入职时间	基本工资	绩效工资	工龄工资
2	KY001	方成建	市场部	1993-7-10	8800	2640	800
3	KY002	桑南	人力资源部	2006-6-28	4000	1200	750
4	KY003	何宇	市场部	1997-3-20	8800	2640	800
5	KY004	刘光利	行政部	1991-7-15	3800	1140	800
6	KY005	钱新	财务部	1997-7-1	8800	2640	800
7	KY006	曾科	财务部	2010-7-20	5000	1500	550
8	KY007	李莫蕾	物流部	2003-7-10	4000	1200	800
9	KY008	周苏嘉	行政部	2001-6-30	5500	1650	800
10	KY009	黄雅玲	市场部	2005-7-5	5800	1740	800
11	KY010	林菱	市场部	2005-6-28	5000	1500	800
12	KY011	司马意	行政部	1996-7-2	4000	1200	800
13	KY012	令狐珊	物流部	1993-5-10	3800	1140	800
14	KY013	慕容勤	财务部	2006-6-25	4000	1200	750
15	KY014	柏国力	人力资源部	1993-7-5	8800	2640	800
16	KY015	周谦	物流部	2012-8-1	5500	1650	450
17	KY016	刘民	市场部	1993-7-10	8800	2400	800
18	KY017	尔阿	物流部	2006-7-20	5800	1740	750
19	KY018	夏蓝	人力资源部	2010-7-3	5500	1650	550
20	KY019	皮桂华	行政部	1989-6-29	4000	1200	800
21	KY020	段齐	人力资源部	1993-7-18	5500	1650	800
22	KY021	费乐	财务部	2007-6-30	5800	1740	700
23	KY022	高亚玲	行政部	2001-7-15	5500	1650	800
24	KY023	苏洁	市场部	1999-4-15	4000	1200	800
25	KY024	江宽	人力资源部	2001-7-6	8800	2640	800
26	KY025	王利伟	市场部	2001-8-15	5800	1740	800

图 2-89　创建好的"工资基础信息"工作表

任务 4　创建"加班费结算表"

（1）复制"工资基础信息"工作表，将复制后的工作表重命名为"加班费结算表"。

（2）删除"入职时间""绩效工资""工龄工资"列。

（3）在 E1、F1 单元格中分别输入标题"加班时间"和"加班费"。

（4）输入加班时间。参照图 2-90 输入员工加班时间。

（5）计算"加班费"。

计算公式为"加班费=(基本工资/30/8) ×1.5×加班时间"。

① 选中 F2 单元格。

② 输入公式"=ROUND(D2/30/8,0)*1.5*E2"，按"Enter"键确认，计算出相应的加班费。

微课 2-11　计算
加班费

③ 选中 F2 单元格，拖曳填充柄至 F26 单元格，将公式复制到 F3:F26 单元格区域中，可得到所有员工的加班费。

创建好的"加班费结算表"如图 2-91 所示。

活力小贴士

这里的公式"ROUND(D2/30/8,0)"用于求取员工单位时间内的工资，四舍五入到整数。关于函数 ROUND 的说明如下。

① 功能：将数字四舍五入到指定的位数。

② 语法：ROUND(number,num_digits)。

其中，number 表示要四舍五入的数字，num_digits 为四舍五入到的指定位数。

编号	姓名	部门	基本工资	加班时间
KY001	方成建	市场部	8800	0
KY002	桑南	人力资源部	4000	15
KY003	何宇	市场部	8800	12
KY004	刘光利	行政部	3800	10
KY005	钱新	财务部	8800	6.5
KY006	曾科	财务部	5000	0
KY007	李莫薷	物流部	4000	3
KY008	周苏嘉	行政部	5500	0
KY009	黄雅玲	市场部	5800	16
KY010	林菱	市场部	5000	0
KY011	司马意	行政部	4000	7.5
KY012	令狐珊	物流部	3800	0
KY013	慕容勤	财务部	4000	0
KY014	柏国力	人力资源部	8800	3
KY015	周谦	物流部	5500	12
KY016	刘民	市场部	8000	0
KY017	尔阿	物流部	5800	9.5
KY018	夏蓝	人力资源部	5500	0
KY019	皮桂华	行政部	4000	5
KY020	段齐	人力资源部	5500	0
KY021	费乐	财务部	5800	3
KY022	高亚玲	行政部	5500	8.5
KY023	苏洁	市场部	4000	15
KY024	江宽	人力资源部	8800	5
KY025	王利伟	市场部	5800	18

图 2-90　输入加班时间

编号	姓名	部门	基本工资	加班时间	加班费
KY001	方成建	市场部	8800	0	0
KY002	桑南	人力资源部	4000	15	382.5
KY003	何宇	市场部	8800	12	666
KY004	刘光利	行政部	3800	10	240
KY005	钱新	财务部	8800	6.5	360.75
KY006	曾科	财务部	5000	0	0
KY007	李莫薷	物流部	4000	3	76.5
KY008	周苏嘉	行政部	5500	0	0
KY009	黄雅玲	市场部	5800	16	576
KY010	林菱	市场部	5000	0	0
KY011	司马意	行政部	4000	7.5	191.25
KY012	令狐珊	物流部	3800	0	0
KY013	慕容勤	财务部	4000	0	0
KY014	柏国力	人力资源部	8800	3	166.5
KY015	周谦	物流部	5500	12	414
KY016	刘民	市场部	8000	0	0
KY017	尔阿	物流部	5800	9.5	342
KY018	夏蓝	人力资源部	5500	0	0
KY019	皮桂华	行政部	4000	5	127.5
KY020	段齐	人力资源部	5500	0	0
KY021	费乐	财务部	5800	3	108
KY022	高亚玲	行政部	5500	8.5	293.25
KY023	苏洁	市场部	4000	15	382.5
KY024	江宽	人力资源部	8800	5	277.5
KY025	王利伟	市场部	5800	18	648

图 2-91　创建好的"加班费结算表"

任务 5　创建"考勤扣款结算表"

（1）复制"工资基础信息"工作表，将复制后的工作表重命名为"考勤扣款结算表"。

（2）删除"入职时间""绩效工资""工龄工资"列。

（3）在 E1:K1 单元格区域中分别输入标题"迟到""迟到扣款""病假""病假扣款""事假""事假扣款""扣款合计"。

（4）参照图 2-92 输入"迟到""病假""事假"的数据。

图 2-92　"迟到""病假"和"事假"的数据

（5）计算"迟到扣款"。

假设每迟到一次，扣款为 50 元。

① 选中 F2 单元格。

② 输入公式"=E2*50"，按"Enter"键确认，计算出相应的迟到扣款。

③ 选中 F2 单元格，拖曳填充柄至 F26 单元格，将公式复制到 F3:F26 单元格区域中，可得到所有员工的迟到扣款。

（6）计算"病假扣款"。

假设每请病假一天，扣款为当日基本工资的 50%，即"病假扣款=基本工资/30×0.5×病假天数"。

① 选中 H2 单元格。

② 输入公式"=ROUND(D2/30,0)*0.5*G2",按"Enter"键确认,计算出相应的病假扣款。

③ 选中 H2 单元格,拖曳填充柄至 H26 单元格,将公式复制到 H3:H26 单元格区域中,可得到所有员工的病假扣款。

(7)计算"事假扣款"。

假设每请事假一天,扣款为当日的全部基本工资,即"事假扣款=基本工资/30*事假天数"。

① 选中 J2 单元格。

② 输入公式"=ROUND(D2/30,0)*I2",按"Enter"键确认,计算出相应的事假扣款。

③ 选中 J2 单元格,拖曳填充柄至 J26 单元格,将公式复制到 J3:J26 单元格区域中,可得到所有员工的事假扣款。

(8)计算"扣款合计"。

① 选中 K2 单元格。

② 输入公式"=SUM(F2,H2,J2)",按"Enter"键确认,计算出相应的扣款合计。

③ 选中 K2 单元格,拖曳填充柄至 K26 单元格,将公式复制到 K3:K26 单元格区域中,可得到所有员工的扣款合计。

创建好的"考勤扣款结算表"如图 2-93 所示。

	A	B	C	D	E	F	G	H	I	J	K
1	编号	姓名	部门	基本工资	迟到	迟到扣款	病假	病假扣款	事假	事假扣款	扣款合计
2	KY001	方成建	市场部	8800	0	0	0	0	1	293	293
3	KY002	桑南	人力资源部	4000	0	0	0	0	0	0	0
4	KY003	何宇	市场部	8800	0	0	2	293	1.5	439.5	732.5
5	KY004	刘光利	行政部	3800	0	0	0	0	0	0	0
6	KY005	钱新	财务部	8800	0	0	0	0	0	0	0
7	KY006	曾科	财务部	5000	0	0	1.5	125.25	0	0	125.25
8	KY007	李莫薷	物流部	4000	0	0	1	66.5	0	0	66.5
9	KY008	周苏嘉	行政部	5500	1	50	0	0	0	0	50
10	KY009	黄雅玲	市场部	5800	0	0	0	0	0.5	96.5	96.5
11	KY010	林菱	市场部	5000	0	0	0.5	41.75	0	0	41.75
12	KY011	司马意	行政部	4000	2	100	0	0	0	0	100
13	KY012	令狐珊	物流部	3800	1	50	0	0	0	0	50
14	KY013	慕容勤	财务部	8800	0	0	0	0	0	0	0
15	KY014	柏国力	人力资源部	8800	0	0	0	0	0	0	0
16	KY015	周谦	物流部	5500	0	0	0	0	0	0	0
17	KY016	刘民	市场部	8000	1	50	0	0	1	267	317
18	KY017	尔阿	物流部	5800	0	0	0	0	0	0	0
19	KY018	夏蓝	人力资源部	5500	0	0	0.5	45.75	0	0	45.75
20	KY019	皮桂华	行政部	4000	0	0	0	0	1	133	133
21	KY020	段齐	市场部	5800	0	0	0	0	0	0	0
22	KY021	费乐	财务部	5800	3	150	0	0	0	0	150
23	KY022	高亚玲	行政部	5500	0	0	1	91.5	1	183	274.5
24	KY023	苏洁	市场部	5800	0	0	0	0	0.5	66.5	66.5
25	KY024	江宽	人力资源部	8800	0	0	0.5	73.25	0	0	73.25
26	KY025	王利伟	市场部	5800	0	0	0	0	0	0	0

图 2-93　创建好的"考勤扣款结算表"

任务 6　创建"员工工资明细表"

(1)插入一张新工作表,将新工作表重命名为"员工工资明细表"。

(2)参照图 2-94 创建"员工工资明细表"的框架。

图 2-94　"员工工资明细表"的框架

(3)填充"编号""姓名"和"部门"数据。

① 选中"工资基础信息"工作表的 A2:C26 单元格区域,单击"开始"→"剪贴板"→"复制"按钮。

② 选中"员工工资明细表"的 A3 单元格，单击"开始"→"剪贴板"→"粘贴"按钮，将"工资基础信息"工作表选定区域的数据粘贴到"员工工资明细表"中。

（4）导入"基本工资"的数据。

① 选中 D3 单元格。

微课 2-12　导入"基本工资"数据

② 单击"公式"→"函数库"→"插入函数"按钮，打开"插入函数"对话框，在"选择函数"列表中选择"VLOOKUP"后单击"确定"按钮，打开"函数参数"对话框，设置图 2-95 所示的参数。

图 2-95　导入"基本工资"的 VLOOKUP 参数

③ 单击"确定"按钮，导入相应的"基本工资"的数据。

④ 选中 D3 单元格，拖曳填充柄至 D27 单元格，将公式复制到 D4:D27 单元格区域中，可导入所有员工的基本工资。

（5）使用同样的方式，分别导入"绩效工资"和"工龄工资"的数据。

活力小贴士

　　VLOOKUP 函数是 Excel 中的一个纵向查找函数，它与 LOOKUP 函数和 HLOOKUP 函数属于同一类函数，在工作中都有广泛的应用。VLOOKUP 是按列查找的，最终返回该列所需查询列序所对应的值；与之对应的 HLOOKUP 是按行查找的。

　　语法：VLOOKUP(Lookup_value,Table_array,Col_index_num,Range_lookup)。

　　参数说明如下。

　　① Lookup_value：在数据表第 1 列中需要进行查找的数值。Lookup_value 可以为数值、引用或文本字符串。当 VLOOKUP 函数中第一个参数省略时，表示用 0（零）查找。

　　② Table_array：需要在其中查找数据的数据表，使用对区域或区域名称的引用。

　　③ Col_index_num：Table_array 中查找数据的数据列序号。Col_index_num 为 1 时，返回 Table_array 第 1 列的数值；Col_index_num 为 2 时，返回 Table_array 第 2 列的数值，以此类推。如果 Col_index_num 小于 1，函数 VLOOKUP 返回错误值 #VALUE!；如果 Col_index_num 大于 Table_array 的列数，函数 VLOOKUP 返回错误值#REF!。

　　④ Range_lookup：逻辑值，指明函数 VLOOKUP 在查找时是精确匹配的，还是近似匹配的。如果 Range_lookup 为 FALSE 或 0，则返回精确匹配值，如果找不到精确匹配值，则返回错误值 #N/A。如果 Range_lookup 为 TRUE 或 1，函数 VLOOKUP 将查找近似匹配值。

（6）导入"加班费"数据。

① 选中 G3 单元格。

② 插入 VLOOKUP 函数，设置图 2-96 所示的参数。

图 2-96　导入"加班费"的 VLOOKUP 参数

③ 单击"确定"按钮，导入相应的"加班费"的数据。

④ 选中 G3 单元格，拖曳填充柄至 G27 单元格，将公式复制到 G4:G27 单元格区域中，可导入所有员工的加班费。

（7）计算"应发工资"。

① 选中 H3 单元格。

② 单击"开始"→"编辑"→"自动求和"按钮，出现公式"=SUM(D3:G3)"，按"Enter"键确认，可计算出相应的应发工资。

③ 选中 H3 单元格，拖曳填充柄至 H27 单元格，将公式复制到 H4:H27 单元格区域中，可计算出所有员工的应发工资。

（8）计算"养老保险"。

> **活力小贴士**
>
> 　　按国家相关法律法规规定，企业针对职工工资的税前扣除项目中，包含社会保险，主要有养老保险、失业保险、医疗保险、工伤保险、生育保险。例如，某企业执行图 2-97 所示的计提标准。
>
> | 项目 | 单位 | 个人 |
> | --- | --- | --- |
> | 养老保险 | 20% | 8% |
> | 失业保险 | 2% | 1% |
> | 医疗保险 | 12% | 2% |
> | 工伤保险 | 1% | 0 |
> | 生育保险 | 1% | 0 |
>
> 图 2-97　某企业的计提标准
>
> 　　单位必须按规定比例向社会保险机构缴纳社会保险，计算时的基数一般是职工个人上一年度月平均工资。
>
> 　　个人只需按规定比例缴纳其中的养老保险、失业保险、医疗保险，个人应缴纳的费用由单位每月在发放个人工资前代扣代缴。

本项目中的养老保险数据为个人缴纳部分，一般的计算公式为"养老保险=上一年度月平均工资×8%"，这里假设"上一年度月平均工资=基本工资+绩效工资"。

① 选中 I3 单元格。

② 输入公式"=(D3+E3)*8%"，按"Enter"键确认，可计算出相应的养老保险。

③ 选中 I3 单元格，拖曳填充柄至 I27 单元格，将公式复制到 I4:I27 单元格区域中，可计算出所有员工的养老保险。

（9）计算"医疗保险"。

本项目中的医疗保险数据为个人缴纳部分，一般的计算公式为"医疗保险=上一年度月平均工资×2%"，这里假设"上一年度月平均工资=基本工资+绩效工资"。

① 选中 J3 单元格。

② 输入公式"=(D3+E3)*2%"，按"Enter"键确认，可计算出相应的医疗保险。

③ 选中 J3 单元格，拖曳填充柄至 J27 单元格，将公式复制到 J4:J27 单元格区域中，可计算出所有员工的医疗保险。

（10）计算"失业保险"。

本项目中的失业保险数据为个人缴纳部分，一般的计算公式为"失业保险=上一年度月平均工资×1%"，这里假设"上一年度月平均工资=基本工资+绩效工资"。

① 选中 K3 单元格。

② 输入公式"=(D3+E3)*1%"，按"Enter"键确认，可计算出相应的失业保险。

③ 选中 K3 单元格，拖曳填充柄至 K27 单元格，将公式复制到 K4:K27 单元格区域中，可计算出所有员工的失业保险。

（11）导入"考勤扣款"数据。

① 选中 L3 单元格。

② 插入 VLOOKUP 函数，设置图 2-98 所示的参数。

图 2-98　导入"考勤扣款"的 VLOOKUP 参数

③ 单击"确定"按钮，导入相应的"考勤扣款"数据。

④ 选中 L3 单元格，拖曳填充柄至 L27 单元格，将公式复制到 L4:L27 单元格区域中，可导入所有员工的考勤扣款。

（12）计算"应税工资"。

> **活力小贴士**
>
> 计算工资时，需要使用到的相关公式如下。
>
> ① 计算应税工资：应税工资=应发工资-(养老保险+医疗保险+失业保险)-5000。（目前，5000 元为我国在 2018 年调整后规定的个人所得税起征点。）

② 计算个人所得税时，应税工资不应有小于 0 元而返税的情况，故分两种情况调整：若应税工资大于 0 元，则按实际应税工资计算个人所得税；若应税工资小于或等于 0 元，则个人所得税为 0 元。

③ 计算个人所得税，针对居民个人工资、薪金所得预扣预缴标准，按图 2-99 所示的综合所得年度税率后速算扣除数进行计算。

级数	全年应纳税所得额	预扣率(%)	速算扣除数
1	不超过 36,000 元的	3	0
2	超过 36,000 元至 144,000 元的部分	10	2,520
3	超过 144,000 元至 300,000 元的部分	20	16,920
4	超过 300,000 元至 420,000 元的部分	25	31,920
5	超过 420,000 元至 660,000 元的部分	30	52,920
6	超过 660,000 元至 960,000 元的部分	35	85,920
7	超过 960,000 元的部分	45	181,920

图 2-99 个人所得税速算公式

相关税法规定，个人所得税是采用超额累进税率进行计算的，将应纳税所得额分成不同级别，分别按相应的税率来计算。本期应预扣预缴税额=(累计预扣预缴应纳税所得额×预扣率−速算扣除数)−累计减免税额−累计已预扣预缴税额。

会计上约定，个人所得税的计算，可以采用速算扣除法，将应纳税所得额直接按对应的税率来速算，但要扣除一个速算扣除数，否则会多计算税款。例如，某人工资减去 60,000 元后的余额是 37,000 元，37,000 元对应的税率是 10%，则税款速算方法为 37,000×10%−2,520=1180 元。这里的 2,520 就是速算扣除数，因为 37,000 元中有 36,000 元多计算了 7% 的税款，需要减去。

举例说明：小王每月工资为 20000 元，每月减除费用 5000 元，每月固定扣款为 1500 元（三险一金等），假设没有减免收入及减免税额等情况。对应预扣率表可以得出，小王前三个月应当按照以下方法计算预扣预缴税额。

1 月：(20000−5000−1500)×3%=405 元

2 月：(20000×2−5000×2−1500×2)×3%=405 元

3 月：(20000×3−5000×3−1500×3)×10%−2520−405−405=720 元

上述计算结果表明，由于 2 月累计预扣预缴应纳税所得额为 27000 元，依旧采用 3% 的预扣率，3 月累计预扣预缴应纳税所得额为 40500 元，已适用 10% 的预扣率，因此 3 月应预扣预缴税款有所增加，后续月份按照计算公式相应计算。

本案例假定为 1 月的工资表数据。

① 选中 M3 单元格。

② 输入公式"=H3-SUM(I3:K3)-5000"，按"Enter"键确认，可计算出相应的应税工资。

③ 选中 M3 单元格，拖曳填充柄至 M27 单元格，将公式复制到 M4:M27 单元格区域中，可计算出所有员工的应税工资。

（13）计算"个人所得税"。

① 选中 N3 单元格。

微课 2-13 计算
"个人所得税"

② 单击"公式"→"函数库"→"插入函数"按钮，打开"插入函数"对话框，在"选择函数"列表中选择"IF"，单击"确定"按钮，开始构建第 1 层的 IF 函数参数，函数的前两个参数如图 2-100 所示。

③ 将光标置于第 3 个参数"Value_if_false"处，单击编辑栏左侧的"IF"列表框 [IF ▼]，即选择第 3 个参数为一个嵌套在本函数内的 IF 函数。这时会弹出一个新的 IF 函数的"函数参数"对话框，如图 2-101 所示，用于构建第 2 层 IF 函数。

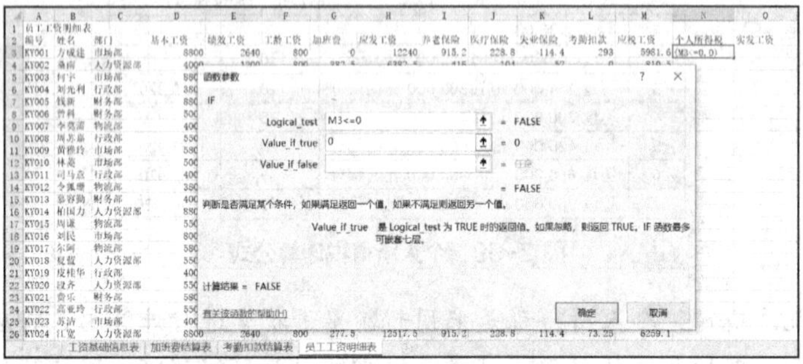

图 2-100　第 1 层 IF 函数的前两个参数

图 2-101　第 2 层 IF 函数的"函数参数"对话框

④ 在其中输入前两个参数，如图 2-102 所示。这时就完成了第 2 层 IF 函数的前两个参数的构建。

⑤ 将光标置于第 2 层 IF 函数的第 3 个参数"Value_if_false"处，再次单击编辑栏左侧的"IF"列表框 [IF ▼]，即选择第 3 个参数为一个嵌套在本函数内的 IF 函数。再弹出一个新的 IF 函数的"函数参数"对话框，用于构建第 3 层 IF 函数。

⑥ 在其中输入 3 个参数，如图 2-103 所示。这时就完成了 3 层 IF 函数的构建。

图 2-102　第 2 层 IF 函数的前两个参数

图 2-103　第 3 层 IF 函数的参数

⑦ 单击"函数参数"对话框中的"确定"按钮，就得到了 N3 单元格的结果，如图 2-104 所示。

图 2-104 利用 3 层 IF 函数计算出的个人所得税

⑧ 选中 N3 单元格，用鼠标拖曳其填充柄至 N27 单元格，将公式复制到 N4:N27 单元格区域中，可计算出所有员工的个人所得税。

活力小贴士

本项目在这一步只讨论应纳税所得额低于 300000 元的情况，故只需要分 3 层 IF 函数实现 4 种情况的计算。应纳税所得额的计算公式分别如下。

① 累计应税工资小于等于 0 元的个人所得税税额为 0。

② 累计应税工资在 36000 元以内的个人所得税税额为"应税工资×3%"。

③ 累计应税工资为 36000～144000 元的个人所得税税额为"应税工资×10%-2520"。

④ 累计应税工资为 144001～300000 元的个人所得税税额为"应税工资×20%-16920"。

函数嵌套时，要先构造外层，再构造内层，要先明确公式的含义，并注意灵活运用鼠标及观察清楚正在操作第几层。

（14）计算"实发工资"。

计算公式为"实发工资=应发工资-(养老保险+医疗保险+失业保险+考勤扣款+个人所得税)"。

① 选中 O3 单元格。

② 输入公式"=ROUND(H3-SUM(I3:L3,N3),0)"，按"Enter"键确认，可计算出相应的实发工资。

③ 选中 O3 单元格，拖曳填充柄至 O27 单元格，将公式复制到 O4:O27 单元格区域中，可计算出所有员工的实发工资。

完成计算后的"员工工资明细表"如图 2-105 所示。

图 2-105 完成计算后的"员工工资明细表"

任务 7　格式化"员工工资明细表"

（1）将工作表标题的对齐方式设置为"合并后居中"，设置标题的格式为"黑体、22 磅"，标题行的行高为"50"。

（2）将列标题的格式设置为"加粗、居中"，行高设置为"30"。

（3）将表中所有的数据项的格式设置为"会计专用"格式，保留 2 位小数，无货币符号。

（4）为表格添加内细外粗的蓝色边框。

（5）为"应发工资""应税工资""实发工资"列的数据添加"蓝色，个性色 1，淡色 80%"的底纹。

格式化后的"员工工资明细表"如图 2-75 所示。

任务 8　制作"工资查询表"

在"员工工资明细表"的基础上，制作"工资查询表"，利用 VLOOKUP 函数可以实现对每个员工的工资进行查询。当输入员工的"编号"时，"工资查询表"可以动态地显示该员工的各项工资信息。

微课 2-14　制作"工资查询表"

（1）插入一张新工作表，将新工作表重命名为"工资查询表"。

（2）创建图 2-106 所示的"工资查询表"。

工资查询表			
员工号		姓名	部门
基本工资	养老保险		应发工资
绩效工资	医疗保险		应税工资
工龄工资	失业保险		个人所得税
加班费	考勤扣款		实发工资

图 2-106　创建"工资查询表"

（3）显示员工"姓名"。

① 选中 D2 单元格。

② 插入 VLOOKUP 函数，设置图 2-107 所示的参数。

图 2-107　显示"姓名"的 VLOOKUP 函数参数

③ 按"Enter"键确认。

活力小贴士　这里，由于 B2 单元格中未输入员工"编号"的查询数据，因此，在 D2 单元格中将显示"#N/A"字符。待输入需查询的"员工号"后，则可显示对应的数据。

（4）采用类似的方法，使用 VLOOKUP 函数构建查询其他数据项的公式。

（5）取消网格线显示。单击"视图"选项卡，在"显示"选项组中，取消勾选"网格线"复选框。

2.8.5　项目小结

本项目通过制作"员工工资管理表"，主要介绍了工作簿的创建、工作表重命名、外部数据的导入等，使用函数 DATEDIF、TODAY、ROUND、SUM 等构建了"工资基础信息""加班费结算表"和"考勤扣款结算表"。在此基础上，本项目使用公式和 VLOOKUP 函数，以及 IF 函数的嵌套创建出"员工工资明细表"。此外本项目使用 VLOOKUP 函数制作出"工资查询表"，实现了对员工工资的轻松、高效管理。

2.8.6　拓展项目

1. 制作各部门工资汇总表
各部门工资汇总表如图 2-108 所示。

2. 制作各部门平均工资收入数据透视表和数据透视图
各部门平均工资收入数据透视表和数据透视图如图 2-109 所示。

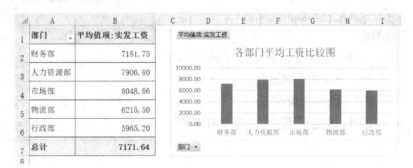

图 2-108　各部门工资汇总表　　　图 2-109　各部门平均工资收入数据透视表和数据透视图

第3篇
市场篇

在激烈的市场竞争中，企业要想立于不败之地，必须不断发展、壮大。市场部是连接企业与市场以及消费者的桥梁，应诚信经营，为企业带来利润，并不断地满足消费者的各种需要。在整个经营过程中，市场部需用到各种各样的电子文件来诠释公司的发展思路。本篇将介绍 Excel 在商品信息管理、客户信息管理、商品促销管理及销售数据管理等方面的应用。

学习目标

知识点
- 工作表格式设置
- 数据编辑和格式设置
- 图片的插入和编辑
- 记录单
- 保护工作簿
- SUM、SUMIF、DATEDIF、MID 函数
- 创建和编辑图表
- 分类汇总和数据透视表

素养点
- 了解行业、产业发展需求，把握时代精神
- 建立高质量发展理念
- 树立强烈的市场意识
- 培养诚信经营品质和创新创业精神

技能点
- 熟练进行工作表的编辑和格式设置等操作
- 使用记录单进行数据处理
- 应用 Excel 的公式和函数进行汇总、统计
- 掌握 Excel 中数据格式的设置
- 熟悉工作表和工作簿的保护操作
- 应用 Excel 分类汇总、数据透视表、图表等功能进行数据分析

项目 9　商品信息管理

示例文件	原始文件：示例文件\素材文件\项目 9\商品信息管理表.xlsx
	效果文件：示例文件\效果文件\项目 9\商品信息管理表.xlsx

3.9.1　项目背景

对于企业而言，商品是其核心，是消费者了解企业的窗口，制作丰富多彩的商品信息资料有利

于让消费者更好地了解商品，从而让企业赢得商机，为企业带来更好的经济效益。

　　某公司代理了多个品牌的笔记本电脑，为了进行促销活动，让消费者更好地了解笔记本电脑的商品信息，需要制作并打印一张美观的表格进行宣传。本项目以制作"商品信息管理表"为例，介绍使用 Excel 制作商品信息管理表的方法。

3.9.2　项目效果

图 3-1 所示为本项目的最终效果图。

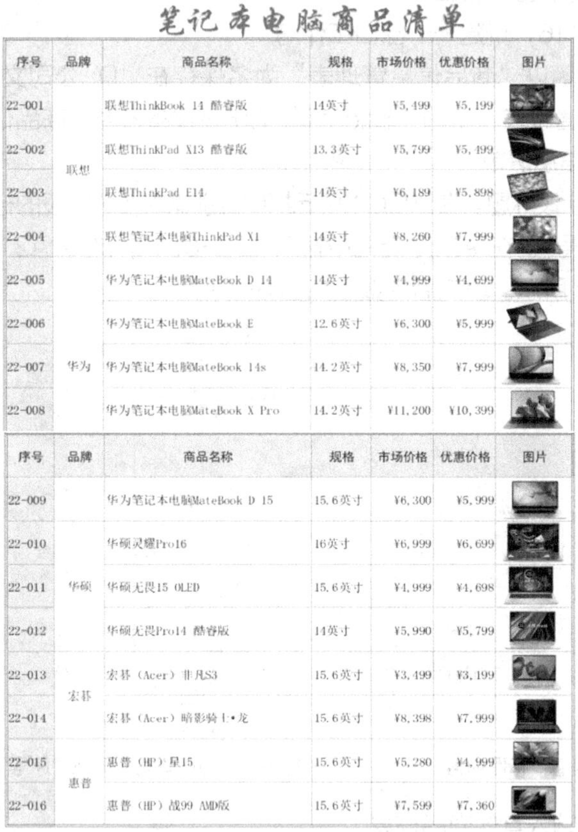

图 3-1　"商品信息管理表"效果图

3.9.3　知识与技能

- 工作簿的创建
- 工作表重命名
- 数据的输入
- 合并单元格
- 设置单元格格式
- 设置行高、列宽

- 插入、设置图片
- 设置货币符号
- 设置边框、底纹
- 冻结窗格
- 打印设置

3.9.4 解决方案

任务 1 新建工作簿，重命名工作表

（1）启动 Excel 2016，新建一份空白工作簿。

（2）将创建的工作簿以"商品信息管理表"为名保存在"D:\公司文档\市场部"文件夹中。

（3）将"商品信息管理表"中的"Sheet1"工作表重命名为"商品信息"。

任务 2 建立商品信息清单

（1）输入表格中各字段标题。在 A1:G1 单元格中分别输入各个字段的标题内容，如图 3-2 所示。

（2）输入商品"序号"。在 A2 单元格中输入"22-001"，选中 A2 单元格，拖曳其填充柄至 A17 单元格，如图 3-3 所示。填充后的数据如图 3-4 所示。

	A	B	C	D	E	F	G
1	序号	品牌	商品名称	规格	市场价格	优惠价格	图片
2							
3							
4							

图 3-2 "商品信息"标题内容

图 3-3 使用填充柄填充"序号"

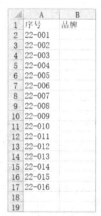

图 3-4 填充后的"序号"

（3）参照图 3-5，输入其他商品信息。

	A	B	C	D	E	F	G
1	序号	品牌	商品名称	规格	市场价格	优惠价格	图片
2	22-001	联想	联想ThinkBook 14 酷睿版	14英寸	5499	5199	
3	22-002		联想ThinkPad X13 酷睿版	13.3英寸	5799	5499	
4	22-003		联想ThinkPad E14	14英寸	6189	5898	
5	22-004		联想笔记本电脑ThinkPad X1	14英寸	8260	7999	
6	22-005	华为	华为笔记本电脑MateBook D 14	14英寸	4999	4699	
7	22-006		华为笔记本电脑MateBook E	12.6英寸	6300	5999	
8	22-007		华为笔记本电脑MateBook 14s	14.2英寸	8350	7999	
9	22-008		华为笔记本电脑MateBook X Pro	14.2英寸	11200	10399	
10	22-009		华为笔记本电脑MateBook D 15	15.6英寸	6300	5999	
11	22-010	华硕	华硕灵耀Pro16	16英寸	6999	6699	
12	22-011		华硕无畏15 OLED	15.6英寸	4999	4698	
13	22-012		华硕无畏Pro14 酷睿版	14英寸	5990	5799	
14	22-013	宏碁	宏碁（Acer）非凡S3	15.6英寸	3499	3199	
15	22-014		宏碁（Acer）暗影骑士·龙	15.6英寸	8398	7999	
16	22-015	惠普	惠普（HP）星15	15.6英寸	5280	4999	
17	22-016		惠普（HP）战99 AMD版	15.6英寸	7599	7360	

图 3-5 商品信息数据

活力
小贴士

　　在输入"商品名称"列的数据时，由于字符数较多，当字符长度超过默认列宽时，该列字符自动延伸到右边的列，但在 D 列中输入商品"规格"时，C 列中超过列宽的字符会自动被遮挡，如图 3-6 所示。此时，可通过调整列宽显示被遮挡的字符。调整列宽可使用菜单命令来实现，也可通过手动调整来实现。

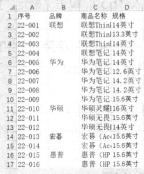

图 3-6　"商品名称"数据被遮挡

任务 3　设置文本格式

（1）设置列标题字体格式。

① 选中 A1:G1 单元格区域。

② 在"开始"→"字体"选项组中，分别设置字体为"黑体"，字号为"14"；设置字体颜色为"深蓝"色；水平对齐方式为"居中"。

（2）合并单元格。

分别选中 B 列中同一品牌的单元格区域 B2:B5、B6:B10、B11:B13、B14:B15、B16:B17，单击"开始"→"对齐方式"→"合并后居中"按钮，将单元格区域进行合并后居中处理。

（3）设置其余部分的字体格式。

① 选中 A2:G17 单元格区域。

② 单击"开始"→"字体"→"字体设置"按钮，打开"设置单元格格式"对话框，如图 3-7 所示。

图 3-7　"设置单元格格式"对话框

③ 在"字体"列表中选择"宋体"，在"字形"列表中选择"常规"，在"字号"列表中选择"12"。

④ 单击"确定"按钮。

任务 4　调整行高

（1）按"Ctrl+A"组合键，选中整张工作表。

（2）单击"开始"→"单元格"→"格式"按钮，从下拉菜单中选择"行高"命令，打开"行高"对话框，在"行高"文本框中输入"55"，单击"确定"按钮。

任务 5　调整列宽

（1）调整"商品名称"列的列宽。将鼠标指针移至 C 列和 D 列的列标交界处，当鼠标指针变成双向箭头状"↔"时，按住鼠标左键不放并向右拖曳，直至"商品名称"列的内容能完全显示为止。

（2）调整"图片"列的列宽为"15"。

（3）调整其他列的列宽。分别将鼠标指针移到 A、B、D、E、F 列的右边列标交界处，双击，Excel 将根据需要自动调整列宽。

任务 6　插入艺术字标题

（1）在表格的第 1 行之前插入一个空行。

（2）单击"插入"→"文本"→"艺术字"按钮，打开"艺术字"样式菜单，如图 3-8 所示。

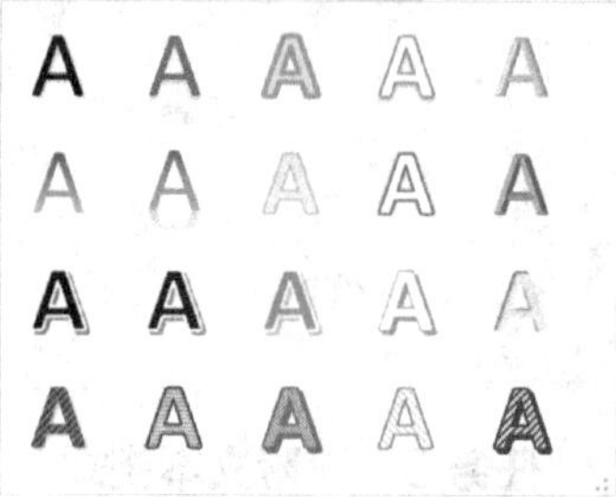

图 3-8 "艺术字"样式菜单

（3）从"艺术字"样式菜单中选择一种合适的样式，选择第 1 行第 2 列的样式"填充：蓝色，主题色 1；阴影"，在工作表中出现图 3-9 所示的默认的艺术字文字。

（4）单击艺术字，将光标置于艺术字边框中，输入艺术字标题文字"笔记本电脑商品清单"。

（5）设置艺术字的格式。

① 单击艺术字边框使其处于被选中状态，然后按住鼠标左键将艺术字拖曳至表格 A1:G1 单元格区域的中间。

② 选中输入的艺术字，设置字体为"华文行楷"、字号为"40"。

艺术字标题的效果如图 3-10 所示。

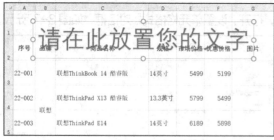

图 3-9　插入默认的艺术字文字

图 3-10　艺术字标题的效果

任务 7　插入图片

（1）选中要插入图片的单元格 G3。

（2）单击"插入"→"插图"→"图片"按钮，从下拉菜单中选择"此设备"选项，打开"插入图片"对话框。

（3）选择所需图片的存储路径"D:\公司文档\市场部\商品图片"文件夹，如图 3-11 所示。

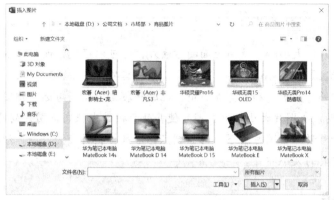

图 3-11 "插入图片"对话框

（4）选择需要插入的商品图片，单击"插入"按钮，可完成图片的插入，如图 3-12 所示。此时，图片为默认尺寸，可根据需要调整图片大小。

图 3-12 插入图片的效果

任务 8 调整图片大小

（1）选中插入的图片，单击"图片工具"→"图片格式"→"大小"→"大小和属性"按钮，打开"设置图片格式"窗格。

（2）在窗格中，设置"大小"参数，勾选"锁定纵横比"复选框，然后将"缩放高度"调整为"30%"，"缩放宽度"也同步调整为"30%"，如图 3-13 所示。

图 3-13 "设置图片格式"窗格

（3）单击“关闭”按钮，完成图片大小的调整。

> **活力小贴士**
>
> 调整图片的大小除了使用上面的方法外，还可以通过下面两种方法来实现。
>
> ① 指定图片的“高度”和“宽度”。根据需要，在图 3-13 所示的窗格中，设置“大小”区域中的“高度”和“宽度”值，此时一般需要取消勾选“锁定纵横比”复选框。
>
> ② 手动调整图片大小。单击图片使其处于被选中状态，图片周围共有 8 个控制点，将鼠标指针移动靠近图片右下角的控制点，当鼠标指针变为“⤡”形状时，拖曳鼠标调整图片到需要的大小即可。

任务 9　移动图片

插入图片后，其位置不一定合适，我们可以移动图片，调整它的位置。

（1）单击选中要移动的图片。

（2）当鼠标指针处于“✥”状态时，拖曳鼠标将图片移至合适位置，如图 3-14 所示。

笔记本电脑商品清单						
序号	品牌	商品名称	规格	市场价格	优惠价格	图片
22-001	联想	联想ThinkBook 14 酷睿版	14英寸	5499	5199	
22-002		联想ThinkPad X13 酷睿版	13.3英寸	5799	5499	
22-003		联想ThinkPad E14	14英寸	6189	5898	
22-004		联想笔记本电脑ThinkPad X1	14英寸	8260	7999	

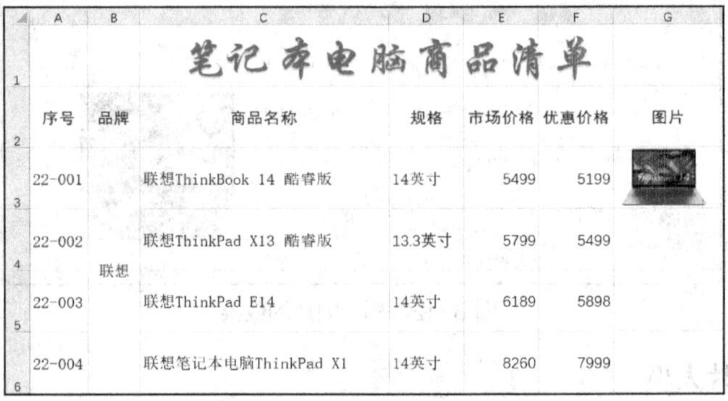

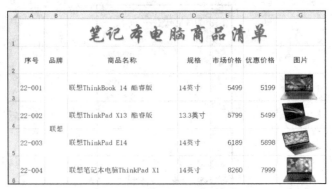

图 3-14　移动图片后的效果

任务 10　插入其余图片

参照任务 7 至任务 9 插入其余商品图片，并根据单元格大小适当调整图片的大小和位置，如图 3-15 所示。

笔记本电脑商品清单						
序号	品牌	商品名称	规格	市场价格	优惠价格	图片
22-001	联想	联想ThinkBook 14 酷睿版	14英寸	5499	5199	
22-002		联想ThinkPad X13 酷睿版	13.3英寸	5799	5499	
22-003		联想ThinkPad E14	14英寸	6189	5898	
22-004		联想笔记本电脑ThinkPad X1	14英寸	8260	7999	

图 3-15　插入其余商品图片后的效果

任务 11　设置表格格式

工作表编辑完毕，我们可对表格进一步修饰，使其更加美观，如设定数据格式、边框、底纹等。

（1）设置数据格式。为表中的"市场价格"和"优惠价格"两项数据添加货币符号。

① 选中 E3:F18 单元格区域。

② 单击"开始"→"数字"→"数字格式"按钮，打开"设置单元格格式"对话框。

③ 打开"数字"选项卡，在"分类"列表中选择"货币"，将右侧"小数位数"设置为"0"，再选择货币符号为人民币符号"¥"，如图 3-16 所示。

④ 单击"确定"按钮，所选定的单元格呈现出选中货币符号的效果。

（2）设置边框样式和颜色。默认情况下，Excel 所显示的边框为虚框，为了使显示或打印出来的表格更加美观，往往需要设置表格边框的样式和颜色。

① 选中 A2:G18 单元格区域。

② 单击"开始"→"数字"→"数字格式"按钮，打开"设置单元格格式"对话框。

③ 打开"边框"选项卡，如图 3-17 所示。

图 3-16 "设置单元格格式"对话框中的"数字"选项卡　图 3-17 "设置单元格格式"对话框中的"边框"选项卡

④ 从"颜色"下拉列表中选择"标准色"中的"蓝色"。

⑤ 在"样式"列表中选择"双实线"（第 2 列第 7 行），单击"预置"中的"外边框"。

⑥ 在"样式"样式列表中选择"虚线"（第 1 列第 2 行），单击"预置"中的"内部"。

⑦ 单击"确定"按钮，完成边框的设置。

（3）设置底纹颜色。

① 同时选中 A2:G2、A3:A18 单元格区域。

② 单击"开始"→"字体"→"填充颜色"下拉按钮，在弹出的颜色面板中选择"主题颜色"中的"蓝色，个性色 1，淡色 80%"。

设置了边框和底纹的表格如图 3-18 所示。

任务 12　冻结窗格

当我们在制作一个 Excel 表格时，如果行、列数较多，需要向下或向右滚动数据表，这时表头也将随之滚动，而不能在屏幕上显示出来。利用冻结窗格功能可以很好地解决这一问题。

冻结窗格是指滚动工作表中其余部分时，保持基于冻结点之上的行和左侧的列始终显示在屏幕的可视区域内。

图 3-18　设置了边框和底纹的表格

（1）选中 B3 单元格为冻结点。

（2）单击"视图"→"窗口"→"冻结窗格"按钮，从打开的下拉菜单中选择"冻结拆分窗格"命令，这样，在 B 列的左侧及第 3 行的上方均出现了一条冻结线。

**活力
小贴士**

① 如果滚动工作表其余部分时，只需保持首行可见，则可以选择"冻结首行"命令。

② 如果滚动工作表其余部分时，只需保持首列可见，则可以选择"冻结首列"命令。

③ 若想取消冻结窗格，单击"视图"→"窗口"→"冻结窗格"按钮，从打开的下拉菜单中选择"取消冻结窗格"命令。

任务 13　打印预览表格

通过以上操作，我们已经完成了"商品信息管理表"的制作，为了便于宣传，需要将制作好的"商品信息管理表"打印出来。为使打印出来的"商品信息管理表"简洁美观，还需要对打印页面进行设置。

（1）设置页面。

① 单击"页面布局"→"页面设置"→"页面设置"按钮，打开"页面设置"对话框，按图 3-19 所示数据设置页边距，并勾选"居中方式"中的"水平"复选框。

② 切换到"页面"选项卡，设置纸张方向为"横向"。

（2）分页预览。选定要预览的"商品信息"工作表，单击"视图"→"工作簿视图"→"分页预览"按钮，此时，工作表从"普通"视图转为"分页预览"视图，如图 3-20 所示。

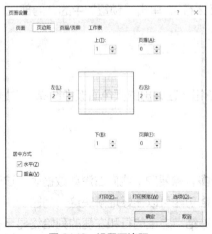

图 3-19　设置页边距

图 3-20　"分页预览"视图

（3）设置打印区域。工作表中蓝色边框包围的区域为打印区域，灰色区域为不可打印区域。如果打印区域不符合要求，可通过拖曳图 3-21 所示的分页符来调整其大小。

① 将鼠标指针移到垂直分页符上，当鼠标指针变为 "↔" 形状时，向左/右拖曳分页符，可减少或增加水平方向的打印区域。

② 将鼠标指针移到水平分页符上，当鼠标指针变为 "↕" 形状时，向上/下拖曳分页符，可减少或增加垂直方向的打印区域。

（4）设置打印标题。Excel 表格通常会包含几十行甚至成百上千行的数据，正常情况下，打印时只有第 1 页能打印出标题行，单独看后面的页面时会很不方便，这样，打印时就需要设置打印标题。

① 单击 "页面布局" → "页面设置" → "页面设置" 按钮，打开 "页面设置" 对话框。

② 切换到 "工作表" 选项卡，如图 3-22 所示。单击 "打印标题" 中的 "顶端标题行" 右侧的折叠按钮，打开 "页面设置-顶端标题行" 对话框，如图 3-23 所示。

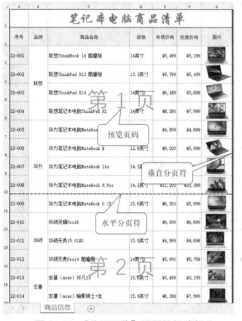

图 3-21 "分页预览" 视图的组成部分

图 3-22 "页面设置" 对话框中的 "工作表" 选项卡

图 3-23 "页面设置-顶端标题行" 对话框

③ 在工作表中选择需要出现在每一页上的标题行，这里选择第 2 行。此时在“页面设置-顶端标题行”对话框中将出现“$2:$2”，即第 2 行为打印时的标题行。

④ 单击“页面设置-顶端标题行”对话框右上角的“关闭”按钮☒，返回“页面设置”对话框。

⑤ 单击“确定”按钮，完成页面设置。

3.9.5 项目小结

本项目通过制作“商品信息管理表”，主要介绍了 Excel 的数据输入、单元格中数据格式的设置、调整行高和列宽，以及为表格设置边框和底纹等。此外，在制作“商品信息管理表”时，为了使报表更加美观，本项目在表中插入了图片，并对图片进行了编辑和移动操作。对于 Excel 表格，冻结窗格是经常使用的一项功能。通过对打印页面进行设置，我们可以打印出一份令人满意的表格。

3.9.6 拓展项目

1. 统计各种商品价格优惠比例

商品价格优惠比例表如图 3-24 所示。

序号	品牌	商品名称	规格	市场价格	优惠价格	优惠比例
22-001	联想	联想ThinkBook 14 酷睿版	14英寸	¥5,499	¥5,199	5.5%
22-002		联想ThinkPad X13 酷睿版	13.3英寸	¥5,799	¥5,499	5.2%
22-003		联想ThinkPad E14	14英寸	¥6,189	¥5,898	4.7%
22-004		联想笔记本电脑ThinkPad X1	14英寸	¥8,260	¥7,999	3.2%
22-005	华为	华为笔记本电脑MateBook D 14	14英寸	¥4,999	¥4,699	6.0%
22-006		华为笔记本电脑MateBook E	12.6英寸	¥6,300	¥5,999	4.8%
22-007		华为笔记本电脑MateBook 14s	14.2英寸	¥8,350	¥7,999	4.2%
22-008		华为笔记本电脑MateBook X Pro	14.2英寸	¥11,200	¥10,399	7.2%
22-009		华为笔记本电脑MateBook D 15	15.6英寸	¥6,300	¥5,999	4.8%
22-010	华硕	华硕灵耀Pro16	16英寸	¥6,999	¥6,699	4.3%
22-011		华硕无畏15 OLED	15.6英寸	¥4,999	¥4,698	6.0%
22-012		华硕无畏Pro14 酷睿版	14英寸	¥5,990	¥5,799	3.2%
22-013	宏碁	宏碁（Acer）非凡S3	15.6英寸	¥3,499	¥3,199	8.6%
22-014		宏碁（Acer）暗影骑士•龙	15.6英寸	¥8,398	¥7,999	4.8%
22-015	惠普	惠普（HP）星15	15.6英寸	¥5,280	¥4,999	5.3%
22-016		惠普（HP）战99 AMD版	15.6英寸	¥7,599	¥7,360	3.1%

图 3-24　商品价格优惠比例表

2. 制作采购报价清单

图 3-25 所示为采购报价清单。

采购报价清单

序号	品牌	产品名称	单价	数量	金额	备注
001	联想	联想ThinkBook 14 酷睿版	¥5,199	5	¥25,995	配置清单见附件
002		联想ThinkPad X13 酷睿版	¥5,499	3	¥16,497	
003		联想ThinkPad E14	¥5,898	10	¥58,980	
004		联想笔记本电脑ThinkPad X1	¥7,999	2	¥15,998	
005	华为	华为笔记本电脑MateBook D 14	¥4,699	7	¥32,893	
006		华为笔记本电脑MateBook E	¥5,999	2	¥11,998	
007		华为笔记本电脑MateBook 14s	¥7,999	6	¥47,994	
008		华为笔记本电脑MateBook D 15	¥5,999	1	¥5,999	
009	华硕	华硕灵耀Pro16	¥6,699	1	¥6,699	
010		华硕无畏15 OLED	¥4,698	3	¥14,094	
011	宏碁	宏碁（Acer）非凡S3	¥3,199	2	¥6,398	
012	惠普	惠普（HP）星15	¥4,999	5	¥24,995	
合计金额		¥237,147	大写金额：	贰拾叁万柒仟壹佰肆拾柒 元		

图 3-25　采购报价清单

项目 10　客户信息管理

示例文件	原始文件：示例文件\素材文件\项目 10\客户信息管理表.xlsx 效果文件：示例文件\效果文件\项目 10\客户信息管理表.xlsx

3.10.1　项目背景

随着公司的不断发展，公司会有越来越多的客户。收集、整理客户信息资料，建立客户档案、管理客户信息资料是市场部的一项重要工作。科学、有效地管理客户信息，不仅能提高日常工作效率，同时还能增强公司的市场竞争力。本项目以制作“客户信息管理表”为例，介绍利用 Excel 2016 制作客户信息管理表的方法。

3.10.2　项目效果

“客户信息管理表”的效果如图 3-26 所示。

	A	B	C	D	E	F	G	H	I
1	客户编号	公司名称	地区	客户类别	公司地址	联系人	邮政编码	电话	邮箱地址
2	0001	天宝公司	华东	签约	大崇明路50号	李全明	2**001	135*****233	li**@163.com
3	0002	永嘉药业公司	华北	临时	承德西路80号	陈晓鸥	2**009	132*****266	chenxiao**@126.com
4	0003	利达有限公司	东北	临时	黄台北路780号	程晨	2**001	135*****898	che**@126.com
5	0004	黄河工业公司	西南	签约	天府东街30号	刘林青	2**004	(023)6*****40	liu**@126.com
6	0005	兰若洗涤用品	西北	签约	东园西甲30号	谭易安	3**045	135*****200	ty**@sohu.com
7	0006	三捷有限公司	华东	签约	常保阁东80号	苏泉林	1**452	130*****412	s**@163.com
8	0007	蓝德网络	华东	临时	广发北路10号	周露	1**246	138*****542	zho**@126.com
9	0008	华北贸易	华北	签约	临翠大街80号	王姗姗	4**642	136*****808	wang**@126.com
10	0009	凯旋科技公司	华南	临时	花园东街90号	张灿	1**330	138*****985	zhangc**@kh.com
11	0010	乐天服饰	西南	临时	平谷大街38号	李渝安	2**001	159*****032	liy**@126.com
12	0011	可由公司	华南	临时	黄石路50号	汤启然	2**006	137*****023	tqr**@sohu.com
13	0012	阳林企业	华北	签约	经七纬二路13	田甜	2**620	130*****041	tianti**@126.com
14	0013	利民公司	东北	签约	英雄山路84号	李雨林	2**604	131*****855	l**@126.com
15	0014	环球工贸	华南	签约	白广路314号	丁萧	8**410	134*****620	din**@hq.com
16	0015	佳佳乐超市	华北	签约	七一路37号	郑卓	9**201	130*****742	zhen**@163.com
17	0016	大洋家电	华北	签约	劳动路23号	许维	6**001	130*****333	xw**@126.com
18	0017	冀中科技	西南	临时	光明东路395号	崔秦玉	6**400	134*****233	c**@126.com
19	0018	正人企业	华北	临时	沉香街329号	白毅	4**120	139*****266	bai**@zr.com

图 3-26　“客户信息管理表”效果图

3.10.3　知识与技能

- 创建工作簿、重命名工作表
- 使用记录单
- 文本型数据的格式设置
- 套用表格格式
- 批注
- 保护工作簿

3.10.4 解决方案

任务 1 新建工作簿，重命名工作表

（1）启动 Excel 2016，新建一个空白工作簿。

（2）将创建的工作簿以"客户信息管理表"为名保存在"D:\公司文档\市场部"文件夹中。

（3）将"客户信息管理表"中的"Sheet1"工作表重命名为"客户基本信息"。

任务 2 利用记录单管理客户信息

活力小贴士　　由于"客户信息管理表"中的数据较多，直接在工作表中输入数据是一件很烦琐的事情，需要来回拖曳滚动条，既麻烦又容易错行，非常不方便。这时，我们可以利用记录单来输入。

为向数据清单中输入数据，Excel 提供了一种专用窗口——记录单，它使我们的工作变得非常轻松。记录单，可将一条记录的数据信息按信息段分成几项，分别存储在同一行的几个单元格中，在同一列中分别存储所有记录的相似信息段。Excel 还提供了记录单的编辑和管理数据的功能，可以很容易地处理和分析数据，为管理数据提供了更为简便的方法。

使用记录单功能可以轻松地对工作表中的数据进行查看、查找、新建、删除等操作，就像在数据库中进行操作一样。下面我们就利用记录单的功能向客户信息管理表中输入数据。

在 Excel 2016 中，默认状态下"记录单"工具没有出现在功能区中，需要用户自己添加到功能区中。

（1）添加"记录单"工具。

① 选择"文件"→"选项"命令，打开"Excel 选项"对话框。

② 在左侧的列表中选择"自定义功能区"选项，如图 3-27 所示，在右侧会显示与自定义功能区相关的内容。

微课 3-1 添加
"记录单"工具

图 3-27 自定义功能区

③ 在右侧的"自定义功能区"下拉列表中选择默认的"主选项卡"，在下面的列表中选择"插入"选项，单击"新建组"按钮，在"插入"选项中建立一个新的组，如图3-28所示。

图3-28　新建组

④ 选中"新建组"，单击"重命名"按钮，在打开的"重命名"对话框中的"显示名称"文本框中输入"记录单"，如图3-29所示，单击"确定"按钮，返回"Excel选项"对话框。

⑤ 在"Excel选项"对话框的"自定义功能区"区域中，单击"从下列位置选择命令"列表框，在下拉列表中选择"不在功能区中的命令"，然后向下拖曳下方列表右侧的滚动条，找到并选择"记录单"，再单击"添加"按钮，将"记录单"选项添加到"插入"选项的"记录单"选项组中，如图3-30所示。

图3-29　重命名新建组

图3-30　将"记录单"添加到"记录单"选项组中

⑥ 单击"确定"按钮，关闭"Excel选项"对话框，此时，在功能区中的"插入"选项卡中，显示了"记录单"按钮，如图3-31所示。

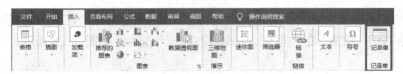

图 3-31　添加了"记录单"的功能区

（2）创建顶端标题行。

选中"客户基本信息"工作表，在 A1:I1 单元格中输入表格列标题，如图 3-32 所示。

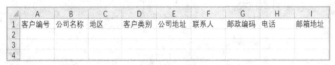

图 3-32　"客户信息管理表"的标题行

（3）选中 A1 单元格，单击"插入"→"记录单"按钮，弹出图 3-33 所示的提示框，单击"确定"按钮确认将列表的首行用作标签，打开"客户基本信息"对话框，如图 3-34 所示，此时记录单的字段名称与工作表的字段名称相同。

图 3-33　"记录单"提示框

> **活力
> 小贴士**　　如果数据清单中还没有记录，单击"插入"→"记录单"按钮后会先打开图 3-33 所示的提示框，若已经有输入记录后再使用记录单，则可直接打开记录单对话框。

（4）在该对话框中自动将数据清单的列标题作为字段名称，我们可以逐条地输入每条客户记录，按"Tab"键或"Shift+Tab"组合键可在字段之间向后或向前切换。这里，可参照图 3-26 先输入第 1 条客户记录，输入后的效果如图 3-35 所示。

图 3-34　"客户基本信息"对话框

图 3-35　使用"记录单"输入第 1 条客户信息

（5）单击"新建"按钮，可将该记录写入工作表中。然后，依此方法继续输入后面的客户记录。

（6）当记录输入完毕后，可单击"关闭"按钮，返回工作表。此时，工作表中的数据如图3-36所示。

	A	B	C	D	E	F	G	H	I
1	客户编号	公司名称	地区	客户类别	公司地址	联系人	邮政编码	电话	邮箱地址
2	1	天宝公司	华东	签约	大崇明路50号	李全明	2**001	135****233	li**@163.com
3	2	永嘉药业公司	华北	临时	承德西路80号	陈晓鸥	2**009	132****266	chenxiao**@126.com
4	3	利达有限公司	东北	临时	黄台北路780号	程晨	2**001	135****898	che**@126.com
5	4	黄河工业公司	西南	签约	天府东街30号	刘林青	2**004	(023)6****40	liu**@126.com
6	5	兰若洗涤用品	西北	签约	东园西甲30号	谭易安	3**045	135****200	ty**@sohu.com
7	6	三捷有限公司	华东	签约	常保阁东80号	苏泉林	1**452	130****412	se**@163.com
8	7	蓝德网络	华东	临时	广发北路10号	周露	1**246	138****542	zho**@126.com
9	8	华北贸易	华北	签约	临翠大街80号	王姗姗	4**642	136****808	wang**@126.com
10	9	凯旋科技公司	华南	临时	花园东街90号	张灿	1**330	138****985	zhang**@kh.com
11	10	乐天服饰	西南	临时	平谷大街38号	李渝安	2**001	135****032	liy**@126.com
12	11	可由公司	华南	临时	黄石路50号	汤启然	2**006	137****023	tqr**@sohu.com
13	12	阳林企业	华北	签约	经七纬二路13号	田甜	2**620	130****041	tianti**@126.com
14	13	利民公司	东北	签约	英雄山路84号	李雨林	2**604	131****855	l**@126.com
15	14	环球工贸	华南	签约	白广路314号	丁萧	8**410	134****620	din**@hq.com
16	15	佳佳乐超市	华北	签约	七一路37号	郑卓	9**201	130****742	zhen**@163.com
17	16	大洋家电	华北	签约	劳动路23号	许维	6**001	130****333	xw**@126.com
18	17	冀中科技	西南	临时	光明东路395号	崔秦玉	6**400	134****233	c**@126.com
19	18	正人企业	华北	临时	沉香街329号	白毅	4**120	139****266	bai**@zr.com

图3-36　"客户基本信息"数据

活力小贴士

当输入记录后，若需对表中的数据进行浏览、添加、删除、修改、查询等操作，除可直接在工作表中进行外，也可再次打开记录单对话框，通过单击相应按钮进行操作。

① 浏览：单击"客户基本信息"对话框中的"上一条"或"下一条"按钮，可浏览表中的记录。

② 添加：在"客户基本信息"对话框中单击"新建"按钮，可添加新的客户基本信息。

③ 删除：通过"客户基本信息"对话框中的"上一条"或"下一条"按钮，找到要删除的记录，单击"删除"按钮，在打开的提示框中如果单击"确定"按钮则删除记录，如果单击"取消"按钮则放弃操作，如图3-37所示。

④ 查询：在"客户基本信息"对话框中单击"条件"按钮，将自动清空文本框的记录，等待用户输入查询条件，同时"条件"按钮变为"表单"按钮。例如，要查找公司名称为"利民公司"的客户记录，可以在"公司名称"文本框中输入"利民公司"，如图3-38所示。然后按"Enter"键，"客户基本信息"对话框就会自动定位到公司名称为"利民公司"的记录上，并将其显示出来，如图3-39所示。

图3-37　"删除记录"提示框

图3-38　输入查询条件

图3-39　查询结果

任务3　设置文本型数据"客户编号"的数据格式

在图3-35中，尽管我们将"客户编号"字段的内容输入为"0001"，但在图3-36中，我们发现，该项数据显示为"1"，即系统将该文本型数据作为常规的数字进行了处理，去掉了前面的"0"。在实际中，可以使用特殊类型来处理这类数据，下面，就对这类数据进行格式设置。

（1）选中 A2:A19 单元格，单击"开始"→"数字"→"数字格式"按钮，打开"设置单元格格式"对话框，如图 3-40 所示。

（2）在"数字"选项卡的"分类"列表中选择"特殊"类型，将右侧的"区域设置"选择为"俄语"，再从"类型"中选择图 3-41 所示的选项，然后单击"确定"按钮。

（3）所选定区域的数据格式显示为"0001"的文本型数据格式。

图 3-40　"设置单元格格式"对话框　　　　图 3-41　设置数据为"特殊"类型

活力小贴士

　　在用 Excel 输入身份证号码、银行账号或比较长的数字的时候，Excel 会自动以科学计数方式将数字显示出来，而且数字的最后几位可能会自动变成 0，这里介绍一种利用 Excel 输入身份证号码及长数字的技巧。

　　① 将要输入长数字的单元格的数据格式设置为"文本"。

　　选中要输入数据的单元格区域，单击"开始"→"数字"→"数字格式"按钮，打开"设置单元格格式"对话框，在"数字"选项卡的"分类"列表中选择"文本"，最后单击"确定"按钮，即把单元格区域设置为以文本格式输入数据。注意：一定要先设置好单元格区域格式为文本格式，再输入数据。

　　② 在输入数字前先输入单引号"'"，即"'123456789546123"，就能完整显示数字串了。注意：这里的单引号必须是英文状态下的。

任务 4　使用"套用表格格式"设置表格格式

（1）选中 A1:I19 单元格区域，单击"开始"→"样式"→"套用表格格式"按钮，打开"套用表格格式"下拉菜单，如图 3-42 所示。

（2）从下拉菜单中选择一种合适的格式，这里，我们选择在"中等色"系列中的"白色，表样式中等深浅 1"，打开图 3-43 所示的"创建表"对话框，单击"确定"按钮确认应用区域，套用表格格式后的工作表如图 3-44 所示。

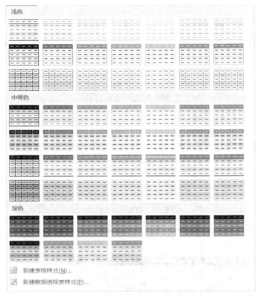

图 3-42 "套用表格格式"下拉菜单　　　　　　图 3-43 "创建表"对话框

图 3-44 套用表格格式后的工作表

任务 5　手动设置工作表格式

套用表格格式虽然简便快捷，但它的类型有限，而且样式固定。我们可在此基础上，利用手动方式，对工作表的字体、对齐方式、边框、底纹等重新进行设置。

（1）将套用表格格式后的列表转换为普通区域。

① 选中 A1:I19 单元格区域。

② 单击鼠标右键，从快捷菜单中选择"表格"→"转换为区域"命令，在弹出的"是否将表格转换为普通区域"提示框中，单击"是"按钮进行确认。

（2）将 A1:I1 单元格文本格式设置为黑体、14 磅、居中对齐。

（3）将"客户编号""地区""客户类别""联系人"和"邮政编码"字段的对齐方式设置为"居中"。分别选定 A2:A19、C2:D19、F2:G19 单元格区域，单击"开始"→"对齐方式"→"居中"按钮。

（4）设置表格边框。选中 A1:I19 单元格区域，单击"开始"→"数字"→"数字格式"按钮，打开"设置单元格格式"对话框，切换到"边框"选项卡，如图 3-45 所示。单击"边框"区域中与"竖线"边框对应的按钮回，为表格添加竖线，再单击"确定"按钮，手动设置完成后的工作表格式如图 3-46 所示。

图 3-45 "设置单元格格式"对话框中的"边框"选项卡

图 3-46 手动设置完成后的工作表格式

任务 6 添加批注

批注是一种非常有用的提醒方式，它附加在单元格上，用于注释该单元格。一般来说批注都是用于提示说明性的信息。

（1）插入批注。

① 选中 H5 单元格，单击"审阅"→"批注"→"新建批注"按钮，在 H5 单元格右侧出现图 3-47 所示的批注框。

② 在批注框中输入"办公电话"。输入完毕，单击批注框外的任意单元格区域可退出批注编辑。添加批注的单元格右上角有红色的三角形批注标识符。

> **活力小贴士**
>
> 在批注框中，一般显示有用户名，如这里的"Windows 用户"。根据情况，我们可以删除该用户名。
>
> 若需修改批注中出现的用户名，可选择"文件"→"选项"命令，在打开的"Excel 选项"对话框中选择"常规"选项，修改其中的用户名即可。

（2）显示批注。当需要查看批注信息时，只需将鼠标指针移到有批注标识符的单元格上，即可显示该单元格的批注信息。

（3）编辑批注。当需要编辑批注内容时，可用鼠标右键单击要编辑批注的单元格，从快捷菜单中选择"编辑批注"命令，出现批注框后即可进行编辑。

（4）删除批注。当不再需要对单元格进行批注时，可用鼠标右键单击有批注的单元格，从快捷菜单中选择"删除批注"命令，删除该批注。

任务 7　保护工作簿

如果不希望工作簿的内容被其他人员使用或查看，可以给工作簿加上密码。例如，这里的客户信息是企业非常重要的资料，可对该工作簿进行加密处理，以防止工作簿文件被查看或编辑。

微课 3-2　保护
工作簿

（1）选择"文件"→"另存为"命令，单击"浏览"选项，出现"另存为"对话框。

（2）单击"另存为"对话框中的"工具"按钮，从下拉列表中选择图 3-48 所示的"常规选项"，打开图 3-49 所示的"常规选项"对话框。

图 3-47　批注框

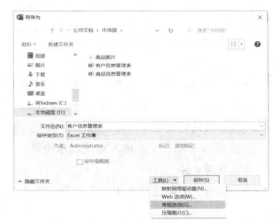

图 3-48　"另存为"对话框

（3）在"文件共享"下面有文本框"打开权限密码"和"修改权限密码"。其中，如果设置"打开权限密码"，则文件在打开时受到限制，可以防止文件被查看；设置"修改权限密码"可以限制对工作簿的修改保存。这里，我们在"客户信息管理表"的"打开权限密码"文本框中输入密码"khxxgl"，在"修改权限密码"文本框中输入"12345"，为了安全，可勾选"生成备份文件"复选框，单击"确定"按钮。

（4）为了保证密码的正确性，Excel 将弹出图 3-50 所示的"确认密码"对话框，让用户再输入一次密码，在"重新输入密码"文本框中输入打开权限密码"khxxgl"，单击"确定"按钮。

图 3-49　"常规选项"对话框

图 3-50　"确认密码"对话框

（5）此时弹出图 3-51 所示的"确认密码"对话框，在"重新输入修改权限密码"文本框中输入修改权限密码"12345"，单击"确定"按钮。

（6）返回到"另存为"对话框。

（7）单击"保存"按钮。由于前面已对文件做过保存，因此，这里将出现图 3-52 所示的"确认另存为"提示框，提示信息为"客户信息管理表.xlsx 已存在。要替换它吗？"，单击"是"按钮，替换已有的工作簿。

图 3-51 "确认密码"对话框

图 3-52 "确认另存为"提示框

（8）关闭该工作簿。此时，完成对工作簿的保护设置，并且生成了"客户信息管理表的备份.xlk"文件。

活力小贴士

当我们下次打开该工作簿时，会出现一个获取打开权限的"密码"对话框，如图 3-53 所示，提示用户输入密码。如果输入了正确的密码"khxxgl"，就可以打开该工作簿；若输入了不正确的密码，将无法打开该工作簿。

如果同时设置了"修改权限密码"，将进一步出现获取修改权限的"密码"对话框，如图 3-54 所示。若不输入修改权限密码，单击"只读"按钮，则只能以"只读方式"打开工作簿文件。

注意：密码区分大小写。因此，在设置密码时一定要分清当前字母的大小写状态。

图 3-53 输入打开权限密码

图 3-54 输入修改权限密码

3.10.5 项目小结

本项目通过制作"客户信息管理表"，主要介绍了记录单的使用、文本型数据的格式设置、利用"套用表格格式"简单快捷地设置工作表的格式等。在此基础上，本项目介绍了结合手动方式进一步修饰工作表。此外，本项目还介绍了批注的插入、查看、编辑和删除操作，以及如何保护工作簿不被查看和修改。

3.10.6 拓展项目

1. 制作各地区客户数统计表（提示：使用 COUNTIF 函数）

各地区客户数统计表如图 3-55 所示。

2. 统计各地区不同类型的客户数

各地区不同类型的客户数如图 3-56 所示。

各地区客户数统计表

地区	客户数
东北	2
华北	6
华东	3
华南	3
西北	1
西南	3

图 3-55　各地区客户数统计表

计数项:客户类别	客户类别		
地区	临时	签约	总计
东北	1	1	2
华北	2	4	6
华东	1	2	3
华南	2	1	3
西北		1	1
西南	2	1	3
总计	8	10	18

图 3-56　各地区不同类别的客户数

项目 11　商品促销管理

示例文件	原始文件：示例文件\素材文件\项目 11\商品促销管理.xlsx 效果文件：示例文件\效果文件\项目 11\商品促销管理.xlsx

3.11.1　项目背景

在日益激烈的市场竞争中，企业想要抢占更大的市场份额、争取更多顾客，需要不断加强商品的销售管理，特别是新品上市时，要想树立品牌形象，做好商品促销管理就显得尤为重要。在合适的时间和市场环境下运用合适的促销方式，对促销活动各环节的工作进行细致布置和执行会影响企业的促销效果。本项目以制作“商品促销管理”工作簿为例，介绍 Excel 2016 在促销费用预算、促销任务安排方面的应用。

3.11.2　项目效果

图 3-57 所示为“促销费用预算表”效果图，图 3-58 所示为“促销任务安排表”效果图。

促销费用预算表

类别	费用项目	成本或比例	数量/天	天数	预算(元)
促销费用	免费派发公司样品的数量	3.65	100	7	2,555.00
	参与活动的消费者可以得到卡通扇一把	0.5	200	7	700.00
	购买产品获得公司小礼品	5	100	7	3,500.00
	商品降价金额	5%	3000	7	1,050.00
小计					7,805.00
店内宣传标识	巨幅海报	400	1		400.00
	小型宣传单张	0.15	1000	7	1,050.00
	DM单	1200	1		1,200.00
小计					2,650.00
促销执行费用	聘用促销人员费用	80	2	7	1,120.00
	上缴卖场促销人员管理费	30	2	7	420.00
	其他可能产生的费用(赞助费/入场费等)	2000			2,000.00
小计					3,540.00
其他费用	交通费				300.00
	赠品运输与管理费用				1,000.00
小计					1,300.00
总费用					15,295.00

图 3-57　促销费用预算表

图 3-58　促销任务安排表

3.11.3　知识与技能

- 新建工作簿、重命名工作表
- 设置数据格式
- 选择性粘贴
- SUM、SUMIF 和 DATEDIF 函数的应用
- 绝对引用和相对引用
- 创建和编辑图表
- 打印预览图表
- 条件格式的应用

3.11.4　解决方案

任务 1　新建工作簿，重命名工作表

（1）启动 Excel 2016，新建一个空白工作簿。

（2）将新建的工作簿重命名为"商品促销管理"，并将其保存在"D:\公司文档\市场部"文件夹中。

（3）将"Sheet1"工作表重命名为"促销费用预算"。

任务 2　创建"促销费用预算"工作表

（1）输入表格标题。在"促销费用预算"工作表中，选中 A1:F1 单元格区域，设置"合并后居中"，并输入标题"促销费用预算表"。

（2）输入预算项目标题。分别在 A2、A3、A8、A12、A16 和 A19 单元格中输入预算项目标题，并将文字加粗，如图 3-59 所示。

（3）输入和复制各小计项标题。

① 选中 A7:B7 单元格区域，设置"合并后居中"，输入"小计"，并将文字加粗。

② 选中 A7:B7 单元格区域，单击"开始"→"剪贴板"→"复制"按钮。

③ 按住"Ctrl"键，同时选中 A11、A15 和 A18 单元格，单击"开始"→"剪贴板"→"粘贴"按钮，将 A7:B7 单元格区域的内容和格式一起复制到以上选中的单元格，如图 3-60 所示。

图 3-59　输入预算项目标题

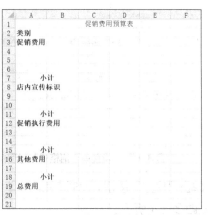

图 3-60　输入和复制各小计项标题

（4）输入预算数据。参照图 3-61，输入各项预算数据，并适当调整单元格的列宽。

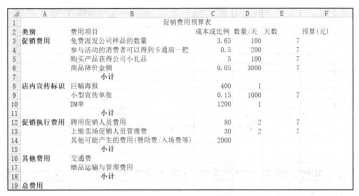

图 3-61　输入各项预算数据

（5）设置数据格式。

① 设置百分比格式。选中 C6 单元格，单击"开始"→"数字"→"百分比样式"按钮。

② 设置数据格式。选中 F3:F19 单元格区域，单击"开始"→"数字"→"数字格式"按钮，打开"设置单元格格式"对话框，在"分类"列表中选择"数值"，在右侧设置小数位数为"2"，并勾选"使用千位分隔符"复选框，如图 3-62 所示。

任务 3　编制预算项目

（1）选中 F3 单元格，输入公式"=C3*D3*E3"，按"Enter"键确认。

（2）选择性粘贴。

① 选中 F3 单元格，按"Ctrl+C"组合键复制。

② 按住"Ctrl"键，同时选中 F4:F6、F9 和 F12:F13 单元格区域，单击"开始"→"剪贴板"→"粘贴"下拉按钮，从下拉菜单中选择"选择性粘贴"命令，打开图 3-63 所示的"选择性粘贴"对话框，选中"公式"单选按钮。

图 3-62 "设置单元格格式"对话框

图 3-63 "选择性粘贴"对话框

③ 单击"确定"按钮。此时 F4:F6、F9 和 F12:F13 单元格区域都复制了与 F3 单元格类似的公式，如图 3-64 所示。

图 3-64 选择性粘贴公式的效果

> **活力小贴士**
>
> ① 移动公式时，公式内的单元格引用不会更改。复制公式时，单元格引用将根据所用的引用类型而变化。
>
> ② 移动公式时，引用的单元格使用绝对引用（引用不随公式位置变化而变化）；复制公式时，引用的单元格使用相对引用（引用随公式位置的变化而变化）。
>
> ③ 若要复制公式和任何设置，可直接单击"粘贴"按钮。
>
> ④ 若有其他需要，则可根据需要选中图 3-63 中的其他单选按钮/复选框。

（3）编制其他预算项目。

① 选中 F8 单元格，输入公式"=C8*D8"，按"Enter"键确认。

② 选中 F10 单元格，输入公式"=C10*D10"，按"Enter"键确认。

③ 选中 F14 单元格，输入公式"=C14"，按"Enter"键确认。

④ 选中 F16:F17 单元格区域，分别输入"300"和"1000"。

任务 4　编制预算"小计"

（1）选中 F7 单元格，输入公式"=SUM(F$3:F$6)-SUMIF($A$3:$A6,$A7,F$3:F$6)*2"，按"Enter"键确认。

SUMIF 函数是 Excel 中根据指定条件对若干单元格、区域或引用求和的一个函数。

语法：SUMIF(range,criteria,sum_range)。

参数说明如下。

① range：用于条件判断的单元格区域。每个区域中的单元格可以包含数字、数组、命名的区域或包含数字的引用，忽略空值和文本值。

② criteria：确定哪些单元格将被相加求和的条件，其形式可以为数字、表达式、文本或单元格内容。例如，条件可以表示为 32、"32"、">32"、"apples" 或 A1。条件还可以使用通配符问号（?）和星号（*）等，如需要求和的条件为第 2 个数字为 2 的数据，可表示为 "?2*"，从而简化公式设置。

③ sum_range：需要求和的实际单元格。当省略 sum_range 时，条件区域就是实际求和区域。

（2）选中 F7 单元格，按"Ctrl+C"组合键复制公式。

（3）按住"Ctrl"键，同时选中 F11、F15 和 F18 单元格。

（4）按"Ctrl+V"组合键粘贴公式。

① 公式"=SUM(F\$3:F6)−SUMIF(\$A\$3:\$A6,\$A7,F\$3:F6)*2"表示指定 SUMIF 函数从 A3:A6 单元格区域中，查找是否含有 A7 单元格"小计"内容的记录，并对 F 列中同一行的相应单元格的值进行汇总。因为不包含"小计"，所以 SUMIF 函数值为 0，则 F7 单元格的值等于 F3:F6 单元格区域的值之和。

② 公式"=SUM(F\$3:F10)−SUMIF(\$A\$3:\$A10,\$A11,F\$3:F10)*2"表示指定 SUMIF 函数从 A3:A10 单元格区域中，查找是否含有 A11 单元格"小计"内容的记录，并对 F 列中同一行的相应单元格的值进行汇总。因为 A7 单元格包含"小计"，所以调用 SUMIF 函数计算 F3:F10 单元格区域的值之和时，重复计算了 F3:F7 单元格区域的值，则 F11 单元格的值等于 F3:F10 单元格区域的值之和减去 2 倍的 F7 单元格的值，即 F8:F10 单元格区域的值之和。

③ 公式"=SUM(F\$3:F14)−SUMIF(\$A\$3:\$A14,\$A15,F\$3:F14)*2"表示指定 SUMIF 函数从 A3:A14 单元格区域中，查找是否含有 A15 单元格"小计"内容的记录，并对 F 列中同一行的相应单元格的值进行汇总。因为 A7 和 A11 单元格包含"小计"，所以调用 SUMIF 函数计算 F3:F14 单元格区域的值之和时，重复计算了 F3:F11 单元格区域的值，则 F15 单元格的值等于 F3:F14 单元格区域的值之和减去 2 倍的 F7 和 F11 单元格的值之和，即 F12:F14 单元格区域的值之和。

④ 公式"=SUM(F\$3:F17)−SUMIF(\$A\$3:\$A17,\$A18,F\$3:F17)*2"表示指定 SUMIF 函数从 A3:A17 单元格区域中，查找是否含有 A18 单元格"小计"内容的记录，并对 F 列中同一行的相应单元格的值进行汇总。因为 A7、A11 和 A15 单元格包含"小计"，所以调用 SUMIF 函数计算 F3:F17 单元格区域的值之和时，重复计算了 F3:F15 单元格区域的值，则 F18 单元格的值等于 F3:F17 单元格区域的值之和减去 2 倍的 F7、F11 和 F15 单元格的值之和，即 F16:F17 单元格区域的值之和。

任务 5 统计"总费用"

（1）选中 F19 单元格。

（2）输入公式"=SUM(F3:F18)/2"，按"Enter"键确认。

任务 6 美化"促销费用预算表"

（1）设置表格标题的字体为"华文隶书"、字号为"22"、行高为"42"。

（2）设置表格列标题的格式为"华文中宋、12、加粗、白色、居中"，并填充"蓝色，个性色 5，淡色 40%"的底纹。

（3）分别对各类别标题进行"合并后居中"的设置。

（4）为"小计"行和"总费用"行添加"蓝色，个性色 1，淡色 80%"的底纹，并设置行高为"19"。

（5）将 A19:B19 单元格区域设置为"合并后居中"。

（6）为 A2:F18 单元格区域添加主题颜色为"蓝色，个性色 1"的内、外边框。

（7）调整各明细行的行高为"16.5"。

（8）取消显示编辑栏和网格线。

任务 7 创建"促销任务安排"工作表

（1）插入一张新工作表，并重命名为"促销任务安排"。

（2）输入表格标题。选中 A1:D1 单元格区域，设置"合并后居中"，输入表格标题"促销任务安排表"，设置字体为"黑体"，加粗，字号为"14"。

（3）输入表格内容。

① 在 B2:D2 和 A3:A8 单元格区域中输入表格的行标题和列标题，并适当调整表格列宽，如图 3-65 所示。

图 3-65 "促销任务安排表"的框架

② 在 B3:B8 和 D3:D8 单元格区域中输入图 3-66 所示的表格内容。

	A	B	C	D
1		促销任务安排表		
2		计划开始日	天数	计划结束日
3	促销计划立案	2022-7-21		2022-7-22
4	促销战略决定	2022-7-25		2022-7-29
5	采购、与卖家谈判	2022-7-30		2022-7-31
6	促销商品宣传设计与印制	2022-8-1		2022-8-7
7	促销准备与实施	2022-8-10		2022-8-19
8	成果评估	2022-8-20		2022-8-21

图 3-66 "促销任务安排表"的内容

（4）计算"天数"。

① 选中 C3 单元格，输入公式"=DATEDIF(B3,D3+1,"d")"，按"Enter"键确认。

微课 3-3 计算"天数"

② 选中 C3 单元格，拖曳填充柄至 C8 单元格，将公式复制到 C4:C8 单元格区域。

> **活力小贴士**
>
> DATEDIF 函数是 Excel 中的隐藏函数，在 Excel 函数库中没有列出，但其用途广泛，能返回两个日期之间的年、月、日间隔数。常使用 DATEDIF 函数计算两日期之间的天数差、月数差和年数差。
>
> 语法：DATEDIF(start_date,end_date,unit)。
>
> 参数说明如下。
>
> ① start_date：一个日期，代表时间段内的第一个日期或起始日期。
>
> ② end_date：一个日期，代表时间段内的最后一个日期或结束日期。
>
> ③ unit：所需信息的返回类型。
>
> 注：结束日期必须大于起始日期。
>
> 假如 A1 单元格的值是一个日期，那么下面的 3 个公式可以计算出 A1 单元格的日期和今天的时间差，分别是年数差、月数差、天数差。注意下面公式中的引号、逗号和括号都是在英文状态下输入的。
>
> ① "=DATEDIF(A1,TODAY(),"Y")"：计算年数差。"Y"表示时间段中的年数。
>
> ② "=DATEDIF(A1,TODAY(),"M")"：计算月数差。"M"表示时间段中的月数。
>
> ③ "=DATEDIF(A1,TODAY(),"D")"：计算天数差。"D"表示时间段中的天数。

（5）美化工作表。

① 设置表格 A2:D2 和 A3:A8 单元格区域的字形为"加粗"，并添加"白色，背景 1，深色 15%"的填充色。

② 设置表格 B3:D8 单元格区域内容的对齐方式为"居中"。

③ 适当调整表格的行高和列宽。

④ 添加表格边框。

效果如图 3-67 所示。

A		B	C	D
1	促销任务安排表			
2		计划开始日	天数	计划结束日
3	促销计划立案	2022-7-21	2	2022-7-22
4	促销战略决定	2022-7-25	5	2022-7-29
5	采购、与卖家谈判	2022-7-30	2	2022-7-31
6	促销商品宣传设计与印制	2022-8-1	7	2022-8-7
7	促销准备与实施	2022-8-10	10	2022-8-19
8	成果评估	2022-8-20	2	2022-8-21

图 3-67 "促销任务安排表"效果

任务 8 绘制"促销任务进程图"

（1）插入堆积条形图。

① 选中 A2:D8 单元格区域。

② 单击"插入"→"图表"→"插入柱形图或条形图"按钮，在打开的下拉菜单中选择图 3-68 所示的"二维条形图"中的"堆积条形图"，在工作表中生成图 3-69 所示的"堆积条形图"。

微课 3-4 绘制"促销任务进程图"

（2）调整图表位置。

① 单击选中图表。

② 按住鼠标左键不放，将"堆积条形图"拖曳至数据表下方。

（3）设置数据系列的格式。

① 选中生成的图表。

② 单击"图表工具"→"格式"→"当前所选内容"→"图表元素"列表框，从打开的下拉列表中选择"系列'计划开始日'"，如图 3-70 所示。

③ 单击"设置所选内容格式"按钮，打开"设置数据系列格式"窗格。

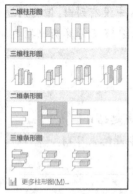

图 3-68 "插入柱形图或条形图"下拉菜单

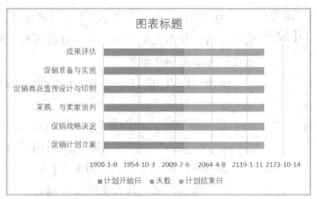

图 3-69 生成的"堆积条形图"

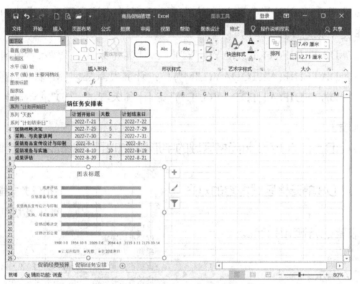

图 3-70 选择"系列'计划开始日'"

④ 单击"填充与线条"，切换到"填充"选项，单击展开"填充"选项，选中"无填充"单选按钮，如图 3-71 所示。

⑤ 同样，将"系列'计划结束日'"的"填充"选项也设置为"无填充"。

⑥ 在图例中的"天数"上单击鼠标右键，从弹出的快捷菜单中选择"设置数据系列格式"命令，打开"设置数据系列格式"窗格，单击"填充与线条"，切换到"填充"选项，单击展开"填充"选项，选中"纯色填充"单选按钮。单击"颜色"下拉按钮，在打开的颜色面板中选择标准色中的"深红"，如图 3-72 所示。

（4）调整纵坐标轴格式。

① 单击"图表工具"→"格式"→"当前所选内容"→"图表元素"列表框，从打开的下拉列表中选择"垂直（类别）轴"，再单击"设置所选内容格式"按钮，打开"设置坐标轴格式"窗格。

② 单击"坐标轴选项" 📊，在"坐标轴选项"中勾选"逆序类别"复选框，如图 3-73 所示。

图 3-71　"设置数据系列格式"窗格

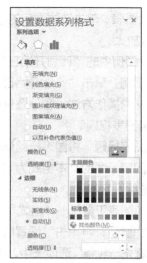

图 3-72　设置数据系列"天数"的填充色

（5）调整横坐标轴格式。

① 单击"图表工具"→"格式"→"当前所选内容"→"图表元素"列表框，从打开的下拉列表中选择"水平（值）轴"，再单击"设置所选内容格式"按钮，打开"设置坐标轴格式"窗格。

② 单击"坐标轴选项" ⏹，在 "最小值""最大值""大"文本框中分别输入"44763.0""44794.0""2.0"。在下方的"纵坐标轴交叉"中选中"最大坐标轴值"单选按钮，如图 3-74 所示。

图 3-73　调整纵坐标轴格式

图 3-74　调整横坐标轴格式

**活力
小贴士**　　横坐标轴刻度是一系列数字，代表水平轴上取值用到的日期。最小值 44763 表示的日期为 2022-7-21，最大值 44794 表示的日期为 2022-8-21。主要刻度单位 2 表示两天。要查看日期的数值，可在单元格中输入日期 2022-7-21，然后应用"常规"数字格式，即可表示为 44763。

（6）放大图表。单击选中图表的绘图区，将鼠标指针移到绘图区 4 个顶点中的任意一个之上，向外拖曳即可放大。

（7）删除图例中的"计划开始日"和"计划结束日"两个系列。

① 选中图例，单击"计划开始日"系列，按"Delete"键删除选中的系列。

② 用同样的操作方法，删除图例中的"计划结束日"系列。

（8）编辑图表标题。

① 选中图表标题，将图表标题修改为"促销任务进程图"。

② 设置图表标题的文本格式为"微软雅黑、加粗"，字号为"18"。

（9）设置绘图区格式。

① 单击"图表工具"→"格式"→"当前所选内容"→"图表元素"列表框，从打开的下拉列表中选择"绘图区"，再单击"设置所选内容格式"按钮，打开"设置绘图区格式"窗格。

② 在"填充与线条"选项卡中，选中"纯色填充"单选按钮，此时在下方展开了"颜色"和"透明度"两个控件。

③ 单击"颜色"下拉按钮，在打开的颜色面板中选择"白色，背景 1，深色 15%"。

④ 单击展开下面的"边框"选项，选中"实线"单选按钮。

（10）设置"水平（值）轴 主要网格线"格式。

① 单击"图表工具"→"格式"→"当前所选内容"→"图表元素"列表框，从打开的下拉列表中选择"水平（值）轴 主要网格线"，再单击"设置所选内容格式"按钮，打开"设置主要网格线格式"窗格。

② 在"填充与线条"选项卡中选中"实线"单选按钮。

③ 单击"颜色"下拉按钮，在打开的颜色面板中选择主题颜色中的"蓝色，个性色 1"。

（11）美化工作表。取消显示编辑栏和网格线。

（12）打印预览图表。

① 单击选中图表。

② 选择"文件"→"打印"命令，出现图 3-75 所示的打印预览界面。

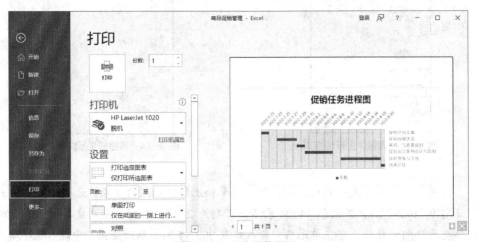

图 3-75　打印预览界面

3.11.5　项目小结

本项目主要通过创建"促销费用预算表"和"促销任务安排表",介绍了工作簿和工作表的管理、设置数据格式、选择性粘贴;使用函数 SUM、SUMIF 和 DATEDIF 实现数据的统计和处理;通过创建、编辑和美化图表,使数据表中的数据更直观地呈现出来等。最后,读者可在打印预览界面中观察生成的图表。

3.11.6　拓展项目

1. 制作促销活动各项预算统计图

图 3-76 所示为促销活动各项预算统计图。

图 3-76　促销活动各项预算统计图

2. 制作促销情况统计表和各业务员所销售产品的数据透视表

图 3-77 所示为促销情况统计表和各业务员所销售产品的数据透视表。

序号	产品型号	业务员	销售量	单价	销售金额
					产品促销情况统计表
1	D20001001	杨立	14	¥259.00	¥3,626.00
2	C10001002	白瑞林	12	¥1,999.00	¥23,988.00
3	C10001003	杨立	7	¥1,999.00	¥13,993.00
4	D30001001	夏蓝	6	¥480.00	¥2,880.00
5	D10001001	方艳芸	6	¥168.00	¥1,008.00
6	C10001001	夏蓝	8	¥1,350.00	¥10,800.00
7	D10001001	张勇	16	¥458.00	¥7,328.00
8	R10001002	方艳芸	31	¥210.00	¥6,510.00
9	U20001001	夏蓝	26	¥128.00	¥3,328.00
10	U20001002	白瑞林	8	¥125.00	¥1,000.00
11	R20001001	李陵	25	¥216.00	¥5,400.00
12	LCD003003	夏蓝	8	¥109.00	¥872.00
13	C10001002	杨立	21	¥85.00	¥1,785.00
14	C10001001	李陵	20	¥958.00	¥19,160.00
15	R30001001	张勇	18	¥120.00	¥2,160.00
16	LCD001001	李陵	8	¥1,438.00	¥11,504.00
17	LCD003003	杨立	9	¥1,824.00	¥16,416.00
18	D30001001	白瑞林	18	¥58.00	¥1,044.00
19	D20001001	方艳芸	9	¥938.00	¥8,442.00
20	LCD001001	张勇	6	¥1,080.00	¥6,480.00
21	LCD002002	李陵	14	¥1,188.00	¥16,632.00

求和项:销售金额 产品型号	业务员 白瑞林	方艳芸	李陵	夏蓝	杨立	张勇	总计
C10001001			19160	10800			¥29,960
C10001002	23988					1785	¥25,773
C10001003					13993		¥13,993
D10001001		1008				7328	¥8,336
D20001001		8442			3626		¥12,068
D30001001	1044			2880			¥3,924
LCD001001			11504			6480	¥17,984
LCD002002			16632				¥16,632
LCD003003				872	16416		¥17,288
R10001002		6510					¥6,510
R20001001			5400				¥5,400
R30001001						2160	¥2,160
U20001001				3328			¥3,328
U20001002	1000						¥1,000
总计	¥26,032	¥15,960	¥52,696	¥17,880	¥35,820	¥15,968	¥164,356

图 3-77　促销情况统计表和各业务员所销售产品的数据透视表

3. 制作产品目录及价格表

图 3-78 所示为产品目录及价格表。

(提示:使用条件格式突出显示 500~1 000 元的批发价,采用红色、加粗、倾斜的格式显示;采用浅绿色填充突出显示相同的出厂价;采用浅红色填充突出显示最高的 5 个建议零售价。)

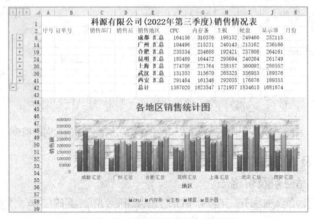

图 3-78 "产品目录及价格表"效果图

项目 12 销售数据管理

示例文件	原始文件：示例文件\素材文件\项目 12\销售数据管理与分析.xlsx
	效果文件：示例文件\效果文件\项目 12\销售数据管理与分析.xlsx

3.12.1 项目背景

在公司的日常经营中，市场部要随时注意公司的产品销售情况，了解各种产品的市场需求量及生产计划，并分析地区性差异等各种因素，为公司领导者制定决策提供依据。将数据制作成图表，可以直观地表达数据的变化和差异。当数据以图表的方式显示时，图表会与相应的数据相链接，当更新工作表中的数据时，图表也会随之更新。本项目以"销售数据管理与分析"工作簿为例，介绍 Excel 的分类汇总、图表、数据透视表在销售数据管理和分析方面的应用。

3.12.2 项目效果

图 3-79 所示为"销售统计图"效果图，图 3-80 所示为"销售数据透视表"效果图。

图 3-79 "销售统计图"效果图

	A	B	C	D	E
1	销售员	（全部） ▼			
2					
3		月份 ▼			
4	地区 ▼	07月	08月	09月	总计
5	成都				
6	求和项:CPU	61962	17723	84471	164156
7	求和项:内存条	114500	56595	139281	310376
8	求和项:主板	100622	22205	75325	198152
9	求和项:硬盘	44421	67495	137544	249460
10	求和项:显示器	118781	81653	51681	252115
11	广州				
12	求和项:CPU	20884	31245	52367	104496
13	求和项:内存条	38102	63061	114068	215231
14	求和项:主板	84334	74979	80830	240143
15	求和项:硬盘	33265	45847	134050	213162
16	求和项:显示器	105773	63020	67373	236166
17	合肥				
18	求和项:CPU	68085	122055	45194	235334
19	求和项:内存条	49889	93031	91768	234688
20	求和项:主板	59881	126721	5819	192421
21	求和项:硬盘	79999	75053	82756	237808
22	求和项:显示器	41097	167777	55287	264161
23	昆明				
24	求和项:CPU	42071	57326	86092	185489
25	求和项:内存条	19167	21219	124086	164472
26	求和项:主板	99404	92793	103497	295694
27	求和项:硬盘	99602	63128	77534	240264
28	求和项:显示器	88099	71520	102130	261749
29	上海				
30	求和项:CPU	91215	96637	86856	274708
31	求和项:内存条	93284	23486	104994	221764
32	求和项:主板	105231	15642	117314	238187
33	求和项:硬盘	159544	74709	125839	360092
34	求和项:显示器	135211	68262	85079	288552
35	武汉				
36	求和项:CPU	42925	16824	71604	131353
37	求和项:内存条	149764	67552	98354	315670
38	求和项:主板	53729	86777	124819	265325
39	求和项:硬盘	179364	66796	110793	356953
40	求和项:显示器	36133	45230	108213	189576
41	西安				
42	求和项:CPU	77420	141000	73064	291484
43	求和项:内存条	73538	37111	50697	161346
44	求和项:主板	34385	161870	95780	292035
45	求和项:硬盘	64609	110360	1907	176876
46	求和项:显示器	99737	45881	43737	189355
47	求和项:CPU汇总	404562	482810	499648	1387020
48	求和项:内存条汇总	538244	362055	723248	1623547
49	求和项:主板汇总	537586	580987	603384	1721957
50	求和项:硬盘汇总	660804	503388	670423	1834615
51	求和项:显示器汇总	624831	543343	513500	1681674

图 3-80 "销售数据透视表"效果图

3.12.3 知识与技能

- 创建工作簿、重命名工作表
- 数据的输入
- 复制工作表
- MID 函数的应用
- 分类汇总
- 创建图表
- 修改和美化图表
- 制作数据透视表

3.12.4 解决方案

任务 1 新建并保存工作簿

（1）启动 Excel 2016，新建一个空白工作簿，将工作簿重命名为"销售数据管理与分析"，并将其保存在"D:\公司文档\市场部"文件夹中。

（2）输入数据。在"Sheet1"工作表中输入图 3-81 所示的表格中的销售原始数据。

序号	订单号	销售部门	销售员	销售地区	CPU	内存条	主板	硬盘	显示器	月份
		科源有限公司(2022年第三季度)销售情况表								
1	2022070001	销售1部	张松	成都	8288	51425	66768	18710	26460	
2	2022070002	销售1部	李新亿	上海	19517	16259	91087	62174	42220	
3	2022070003	销售2部	王小伟	武汉	13566	96282	49822	80014	31638	
4	2022070004	销售2部	赵强	广州	12474	8709	52583	18693	22202	
5	2022070005	销售3部	孙超	合肥	68085	49889	59881	79999	41097	
6	2022070006	销售3部	周成武	西安	77420	73538	34385	64609	99737	
7	2022070007	销售4部	郑卫西	昆明	42071	19167	99404	99602	88099	
8	2022070008	销售1部	张松	成都	53674	63075	33854	25711	92321	
9	2022070009	销售1部	李新亿	上海	71698	77025	14144	97370	92991	
10	2022070010	销售2部	王小伟	武汉	29359	53482	3907	99350	4495	
11	2022070011	销售2部	赵强	广州	8410	29393	31751	14572	83571	
12	2022080001	销售3部	孙超	合肥	51706	38997	56071	32459	89328	
13	2022080002	销售3部	周成武	西安	65202	1809	66804	33340	35765	
14	2022080003	销售4部	郑卫西	昆明	57326	21219	92793	63128	71520	
15	2022080004	销售1部	张松	成都	17723	56595	22205	67495	81653	
16	2022080005	销售1部	李新亿	上海	96637	23486	15642	74709	68262	
17	2022080006	销售2部	王小伟	武汉	16824	67552	86777	66796	45230	
18	2022080007	销售2部	赵强	广州	31245	63061	74979	45847	63020	
19	2022080008	销售3部	孙超	合肥	70349	54034	70650	42594	78449	
20	2022080009	销售3部	周成武	西安	75798	35302	95066	77020	10116	
21	2022090001	销售4部	郑卫西	昆明	72076	76589	95283	45520	11737	
22	2022090002	销售1部	张松	成都	59656	82279	68639	91543	45355	
23	2022090003	销售1部	李新亿	上海	27160	75187	73733	38040	39247	
24	2022090004	销售2部	王小伟	武汉	966	25580	69084	13143	68285	
25	2022090005	销售2部	赵强	广州	4732	59736	71129	47832	36725	
26	2022090006	销售3部	孙超	合肥	45194	91768	5819	82756	55287	
27	2022090007	销售3部	周成武	西安	73064	50697	95780	1907	43737	
28	2022090008	销售4部	郑卫西	昆明	14016	47497	8214	32014	90393	
29	2022090009	销售1部	张松	成都	24815	57002	6686	46001	6326	
30	2022090010	销售1部	李新亿	上海	59696	29807	43581	87799	45832	
31	2022090011	销售2部	王小伟	武汉	70638	72774	55735	97650	39928	
32	2022090012	销售3部	孙超	广州	47635	54332	9701	86218	30648	

图 3-81 销售原始数据

微课 3-5 由"订单号"提取"月份"数据

（3）根据"订单号"提取"月份"数据。

由于表中"订单号"的 1~4 位表示年份、5~6 位表示月份、7~10 位为当月的订单序号。因此，这里的"月份"可通过 MID 函数进行提取，不必手动输入。

① 选中 K3 单元格。

② 单击"公式"→"函数库"→"文本"按钮，打开"文本"下拉菜单，选择"MID"，打开"函数参数"对话框。

③ 按图 3-82 所示设置函数参数。

图 3-82 "函数参数"对话框

④ 单击"确定"按钮，获得所需的月份值"07"。此时，可见编辑栏中的公式为"=MID(B3,5,2)"。

⑤ 在编辑栏中进一步编辑公式，将其修改为"=MID(B3,5,2)&"月""，如图 3-83 所示。并按

"Enter"键确认，显示月份为"07月"。

图3-83 编辑"月份"计算公式

活力小贴士 在 Excel 中，"&"作为文本连接运算符，可以用来将两个或多个文本字符串连接起来，以生成一个连续的文本值。如"= "四川" & "成都""，结果为"四川成都"。注意，此处公式中的双引号为英文状态。

⑥ 选中 K3 单元格，拖曳填充柄至 K34 单元格，获取所有的月份数据，如图 3-84 所示。

图3-84 根据"订单号"提取"月份"数据

（4）将表格标题的格式设置为"宋体、16磅、加粗"。

（5）设置表格的标题"跨列居中"。

① 选中 A1:K1 单元格区域，单击"开始"→"数字"→"数字格式"按钮，打开"设置单元格格式"对话框。

② 切换到"对齐"选项卡，单击"水平对齐"列表框，从下拉列表中选择"跨列居中"选项，如图 3-85 所示。

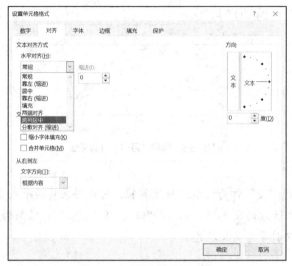

图 3-85　设置"跨列居中"

任务 2　复制、插入和重命名工作表

（1）将"Sheet1"工作表重命名为"销售原始数据"，再将其复制一份。

（2）将复制的工作表重命名为"分类汇总"。

（3）插入一张新工作表并将其重命名为"数据透视表"。

任务 3　汇总统计各地区的销售数据

（1）选择"分类汇总"工作表。

（2）按"销售地区"排序。

① 选中"销售地区"所在列有数据的任一单元格。

② 单击"数据"→"排序和筛选"→"升序"按钮，对销售地区按升序进行排序。

（3）分类汇总。

① 单击"数据"→"分级显示"→"分类汇总"按钮，打开"分类汇总"对话框。

② 在"分类汇总"对话框中选择分类字段为"销售地区"，汇总方式为"求和"，选定汇总项为"CPU""内存""主板""硬盘""显示器"，取消默认勾选的"月份"复选框，如图 3-86 所示。

③ 单击"确定"按钮，生成图 3-87 所示的分类汇总表。

④ 在出现的分类汇总表中，选择显示第 2 级汇总数据，将得到图 3-88 所示的效果。

微课 3-6　汇总统计各地区的销售数据

图 3-86　"分类汇总"对话框

任务 4　创建图表

（1）利用分类汇总表制作图表。在分类汇总表的第 2 级汇总数据中，选择要创建图表的数据单元格区域 E2:J41，即只选择了汇总数据所在区域，如图 3-89 所示。

（2）单击"插入"→"图表"→"插入折线图或面积图"按钮，打开图 3-90 所示的"折线图或面积图"下拉菜单，选择"二维折线图"中的"带数据标记的折线图"，生成图 3-91 所示的图表。

图 3-87　分类汇总表

图 3-88　显示第 2 级汇总数据

图 3-89　选择图表数据区域

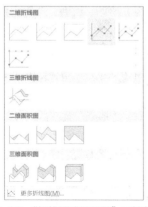

图 3-90　"折线图或面积图"下拉菜单

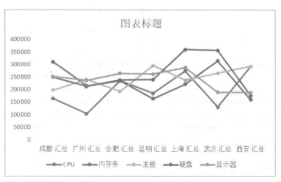

图 3-91　生成带数据标记的折线图

**活力
小贴士**

① 在创建图表之前，由于已经选定了数据区域，图表中将反映该区域的数据。如果想改变图表的数据来源，单击"图表工具"→"设计"→"数据"→"选择数据"按钮，打开图 3-92 所示的"选择数据源"对话框，在其中编辑数据源即可。

图 3-92　"选择数据源"对话框

② 若要修改图表中的数据系列，则选中图表，单击"图表工具"→"设计"→"数据"→"切换行/列"按钮，将横坐标轴和纵坐标轴上的数据进行交换，如图 3-93 所示。

③ 默认情况下，生成的图表是位于所选数据的工作表中的，根据实际需要，单击"图表工具"→"设计"→"位置"→"移动图表"按钮，打开图 3-94 所示的"移动图表"对话框，则可将图表作为新的工作表插入。

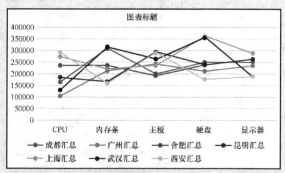

图 3-93　交换图表中横坐标轴和纵坐标轴上的数据

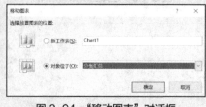

图 3-94　"移动图表"对话框

任务 5　修改图表

（1）修改图表类型。

① 选中图表。

② 单击"图表工具"→"设计"→"类型"→"更改图表类型"按钮，打开图 3-95 所示的"更改图表类型"对话框。

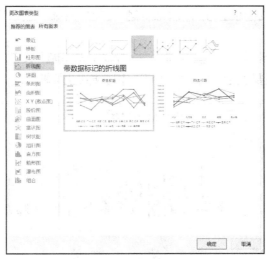

图 3-95 "更改图表类型"对话框

③ 选择"柱形图"中的"簇状柱形图",再单击"确定"按钮,将图表修改为图 3-96 所示的簇状柱形图。

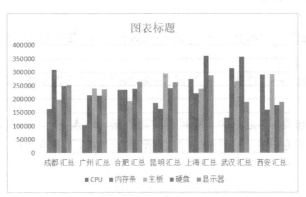

图 3-96 将图表类型修改为簇状柱形图

(2)修改图表样式。单击"图表工具"→"设计"→"图表样式"→"其他"按钮,显示 "图表样式列表",选择"样式 14"。修改图表样式后的效果如图 3-97 所示。

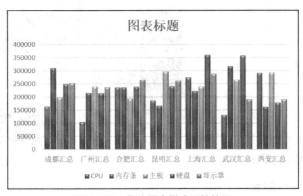

图 3-97 修改图表样式后的效果

（3）设置图表标题。在图表上方的"图表标题"占位符中输入图表标题"各地区销售统计图"。

（4）添加坐标轴标题。

单击"图表工具"→"设计"→"图表布局"→"添加图表元素"按钮，在下拉菜单中选择"坐标轴标题"命令，再分别添加主要横坐标轴标题"地区"和主要纵坐标轴标题"销售额"，如图 3-98 所示。

图 3-98　添加图表标题和坐标轴标题

任务 6　设置图表格式

（1）设置"绘图区"格式。

① 选中图表。

② 单击"图表工具"→"格式"→"当前所选内容"→"图表元素"列表框，在下拉列表中选择"绘图区"。

③ 单击"图表工具"→"格式"→"当前所选内容"→"设置所选内容格式"按钮，打开"设置绘图区格式"窗格。

④ 展开"填充"选项，然后选中"图片或纹理填充"单选按钮，如图 3-99 所示。

⑤ 单击"纹理"下拉按钮，打开图 3-100 所示的"纹理"下拉列表，选择"白色大理石"填充纹理。

图 3-99　"设置绘图区格式"窗格

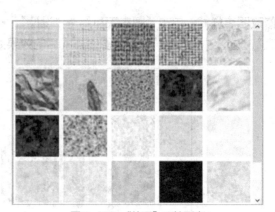

图 3-100　"纹理"下拉列表

（2）设置"图表区"的格式。

① 使用类似的操作方法，选择"图表区"，设置其填充纹理为"蓝色面巾纸"。

② 适当调整图表的大小。

（3）设置"图表标题"及"坐标轴标题"格式。

① 设置图表标题的格式为"黑体、18 磅"。

② 将横、纵坐标轴标题的格式均设置为"宋体、11 磅、加粗"。

（4）设置主要网格线的格式。

① 选中图表。

② 单击"图表工具"→"格式"→"当前所选内容"→"图表元素"列表框，在下拉列表中选择"垂直（值）轴 主要网格线"。

③ 单击"图表工具"→"格式"→"当前所选内容"→"设置所选内容格式"按钮，打开"设置主要网格线格式"窗格。

④ 设置线条类型为"实线"，线条颜色为默认的"蓝色，个性色 1"。

修饰后的"各地区销售统计图"如图 3-101 所示。

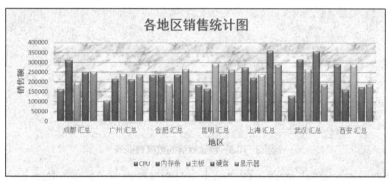

图 3-101　设置好的"各地区销售统计图"

任务 7　制作"数据透视表"

（1）选中"销售原始数据"工作表。

（2）选中数据区域的任一单元格。

（3）单击"插入"→"表格"→"数据透视表"按钮，打开图 3-102 所示的"来自表格或区域的数据透视表"对话框。

微课 3-7　制作销售
数据透视表

图 3-102　"来自表格或区域的数据透视表"对话框

（4）在"选择表格或区域"组中，创建数据透视表的数据区域为"销售原始数据!$A$2:$K$34"。

> **活力小贴士** 一般情况下，如果用鼠标选中数据区域中的任意单元格，在创建数据透视表时 Excel 将自动搜索并选定其数据区域，如果选定的区域与实际区域不同可重新选择。

（5）在"选择放置数据透视表的位置"区域中选中"现有工作表"单选按钮，并选中"数据透视表"工作表的 A1 单元格作为数据透视表的起始位置。

（6）单击"确定"按钮，产生图 3-103 所示的默认数据透视表，并在右侧显示"数据透视表字段"窗格。

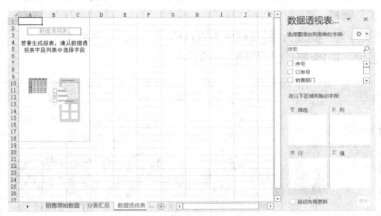

图 3-103 创建默认的数据透视表

（7）在"数据透视表字段"窗格中将"销售员"字段拖曳至"筛选"列表中，成为筛选标题；将"月份"字段拖曳至"列"列表中，成为列标题；将"销售地区"字段拖曳至"行"列表中，成为行标题。依次拖曳"CPU""内存条""主板""硬盘""显示器"字段至"值"列表中，再将默认产生在"列"列表中的"Σ数值"字段拖曳至"行"列表中的"销售地区"下方，如图 3-104 所示。

图 3-104 设置好的"数据透视表字段"

（8）将数据透视表中的"行标签"修改为"地区"，"列标签"修改为"月份"。

（9）根据图 3-104，单击"行标签"或"列标签"对应的下拉按钮，可以选择需要的数据进行查看，达到数据透视的目的。

（10）按销售员显示报表筛选页，使每个销售员的销售报表以一张独立的工作表分别进行显示。

① 将光标置于"数据透视表"工作表的任一有数据的单元格中。

② 单击"数据透视表工具"→"数据透视表分析"→"数据透视表"→"选项"下拉按钮，在下拉菜单中选择"显示报表筛选页"命令，如图 3-105 所示。

③ 在打开的"显示报表筛选页"对话框中，选定"销售员"作为筛选页字段，如图 3-106 所示。

图 3-105 数据透视表"选项"下拉菜单

图 3-106 "显示报表筛选页"对话框

④ 单击"确定"按钮，生成图 3-107 所示的按"销售员"显示的筛选页。

图 3-107 按"销售员"显示的筛选页

3.12.5 项目小结

本项目通过制作"销售数据管理与分析"工作簿，主要介绍了 Excel 数据的输入、运用 MID 函数提取文本等基本操作。在此基础上，本项目还介绍了运用分类汇总、图表、数据透视表对销售数据进行多角度、全方位分析的操作方法，为市场部对销售情况的有效预测提供保障和支持。

3.12.6 拓展项目

1. 制作不同收入消费者群体购买力特征分析图表

图 3-108 所示为不同收入消费者群体购买力特征分析图表。

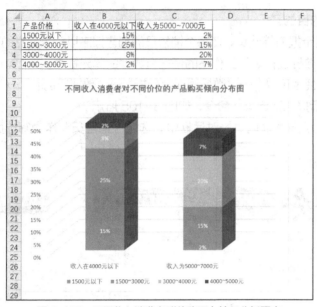

图 3-108　不同收入消费者群体购买力特征分析图表

2. 制作消费行为习惯分析图表

图 3-109 所示为消费行为习惯分析图表。

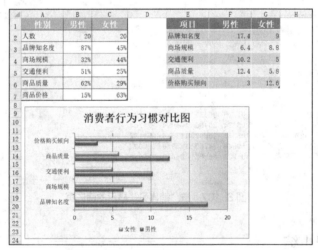

图 3-109　消费行为习惯分析图表

第4篇
物流篇

随着全球经济一体化进程的日益加快，企业将面临更加激烈的竞争，资源在全球范围内的流动越来越广、配置效率越来越高，企业物流构成了企业价值链的基本活动。因此，为消费者提供高质量的服务、降低物流成本、加快企业资金周转、减少库存积压、促进利润率上升，从而提高企业的经济效益成为企业关注的重点。本篇以物流部在工作中经常使用的几种表格及数据处理操作为例，介绍 Excel 2016 在商品采购管理、商品库存管理、商品进销存管理及物流成本核算等物流管理方面的应用。

学习目标

知识点

- Excel 工作表基本操作
- 定义名称
- 数据验证设置
- VLOOKUP 函数
- 自动筛选和高级筛选
- 分类汇总和合并计算
- 条件格式
- 组合图表的创建和编辑

素养点

- 具有一定的管理能力
- 熟悉相关工作规程
- 培养严、慎、细、实的职业素养和工匠精神

技能点

- 利用 Excel 创建数据表，灵活设置格式
- 利用定义名称、自定义数据格式进行数据处理
- 通过数据验证设置输入符合规定的数据
- 利用 VLOOKUP 函数查找需要的数据
- 熟练使用 Excel 自动筛选和高级筛选
- 利用分类汇总、数据透视表汇总数据
- 学会合并多表数据，得到汇总结果
- 能灵活使用条件格式实现数据可视化
- 灵活地构造和使用图表展示数据

项目 13　商品采购管理

示例文件	原始文件：示例文件\素材文件\项目 13\商品采购管理表.xlsx
	效果文件：示例文件\效果文件\项目 13\商品采购管理表.xlsx

4.13.1　项目背景

采购是企业经营的一个核心环节，是企业获取利润的重要来源，在企业的产品开发、质量保证、供应链管理及经营管理中起着极其重要的作用，采购成功与否在一定程度上影响着企业竞争力的大小。本项目将以制作"商品采购管理表"为例，介绍 Excel 2016 在商品采购管理中的应用。

4.13.2　项目效果

图 4-1 所示为"商品采购单"效果图，图 4-2 所示为"按支付方式汇总统计应付货款余额表"效果图。

序号	采购日期	商品编码	商品名称	规格型号	单位	数量	单价	金额	支付方式	供应商	已付货款	应付货款余额
								商品采购明细表				
001	2022-10-2	J1002	联想笔记本电脑ThinkPad X1	ThinkPad X1 14英寸	台	16	¥7,850	¥125,600	银行转账	威达科技		¥125,600
002	2022-10-5	J1004	华为笔记本电脑MateBook D15	D15 15.6英寸	台	8	¥5,930	¥47,440	支票	拓达科技		¥47,440
003	2022-10-5	J1005	华硕灵耀Pro16	16英寸	台	5	¥6,620	¥33,100	本票	拓达科技		¥33,100
004	2022-10-8	SYJ1002	西部数据移动硬盘	WDBEPK0020BBK 2TB	个	18	¥398	¥7,164	现金	威达科技	¥7,164	
005	2022-10-10	XJ1002	佳能相机	EOS 90D	部	8	¥9,620	¥76,960	支票	义美数码		¥76,960
006	2022-10-12	SXJ1001	索尼数码摄像机	FDR-AX60	台	6	¥9,170	¥55,020	支票	天宇数码		¥55,020
007	2022-10-16	SJ1001	华为手机	P50	部	25	¥4,680	¥117,000	银行转账	顺达通讯		¥117,000
008	2022-10-17	J1001	联想ThinkPad X13 酷睿版	X13 13.3英寸	台	28	¥5,308	¥148,624	银行转账	顺达通讯		¥148,624
009	2022-10-22	J1006	宏碁(Acer)非凡S3	S3 15.6英寸	台	15	¥3,108	¥46,620	本票	力拓科技		¥46,620
010	2022-10-22	YYJ1002	希捷移动硬盘	STJL2000400 2TB	个	12	¥385	¥4,620	现金	天科电子	¥4,620	
011	2022-10-22	SJ1003	OPPO手机	OPPO Reno7	部	18	¥2,410	¥43,380	支票	顺成通讯		¥43,380
012	2022-10-24	J1003	华硕笔记本电脑MateBook 14s	MateBook 14s 14.2英寸	台	6	¥7,750	¥46,500	汇款	长城科技		¥46,500
013	2022-10-25	J1005	华硕灵耀Pro16	16英寸	台	16	¥6,620	¥105,920	银行转账	长城科技		¥105,920
014	2022-10-29	J1007	惠普(HP)战99 AMD版	战99 AMD版 15.6英寸	台	10	¥7,218	¥72,180	支票	百达信息		¥72,180
015	2022-10-31	XJ1002	佳能相机	EOS 90D	部	15	¥9,620	¥144,300	汇款	义美数码		¥144,300
016	2022-10-31	SXJ1002	JVC数码摄像机	GY-HM170EC	台	5	¥7,800	¥39,000	现金	天宇数码	¥5,000	¥34,000
017	2022-10-31	SJ1001	华为手机	P50	部	15	¥4,680	¥70,200	银行转账	顺成通讯		¥70,200

图 4-1　商品采购单

序号	采购日期	商品编码	商品名称	规格型号	单位	数量	单价	金额	支付方式	供应商	已付货款	应付货款余额
								商品采购明细表				
									本票 汇总			¥79,720
									汇款 汇总			¥190,800
									现金 汇总			¥34,000
									银行转账 汇总			¥567,344
									支票 汇总			¥294,980
									总计			¥1,166,844

图 4-2　按支付方式汇总统计应付货款余额表

4.13.3　知识与技能

- 新建工作簿、重命名工作表
- 定义名称功能的使用
- 设置数据验证
- VLOOKUP 函数的应用
- 自动筛选功能的使用
- 高级筛选功能的使用
- 分类汇总

4.13.4　解决方案

任务 1　新建工作簿，重命名工作表

（1）启动 Excel 2016 应用程序，新建一个空白工作簿。

（2）将新建的工作簿重命名为"商品采购管理表"，并将其保存在"D:\公司文档\物流部"文件夹中。

（3）将"Sheet1"工作表重命名为"商品基础资料"，再插入一张新工作表，并将其重命名为"商品采购单"。

任务2 输入"商品基础资料"工作表的内容

（1）选中"商品基础资料"工作表。

（2）在A1:D1单元格区域中输入图4-3所示的表格标题。

（3）输入表格内容，并适当调整表格列宽，如图4-4所示。

	A	B	C	D
1	商品编码	商品名称	规格型号	单位
2				
3				
4				

图4-3 "商品基础资料"工作表的标题

	A	B	C	D
1	商品编码	商品名称	规格型号	单位
2	J1001	联想ThinkPad X13 酷睿版	X13 13.3英寸	台
3	J1002	联想笔记本电脑ThinkPad X1	ThinkPad X1 14英寸	台
4	J1003	华为笔记本电脑MateBook 14s	MateBook 14s 14.2英寸	台
5	J1004	华为笔记本电脑MateBook D 15	D 15 15.6英寸	台
6	J1005	华硕灵耀Pro16	16英寸	台
7	J1006	宏碁（Acer）非凡S3	S3 15.6英寸	台
8	J1007	惠普（HP）战99 AMD版	战99 AMD版 15.6英寸	台
9	YY1001	西部数据移动硬盘	WDBEPK0020BBK 2TB	个
10	YY1002	希捷移动硬盘	STJL2000400 2TB	个
11	XJ1001	尼康相机	Z 50	部
12	XJ1002	佳能相机	EOS 90D	部
13	SXJ1001	索尼数码摄像机	FDR-AX60	台
14	SXJ1002	JVC数码摄像机	GY-HM170EC	台
15	SJ1001	华为手机	P50	部
16	SJ1002	小米手机	11 Pro	部
17	SJ1003	OPPO手机	OPPO Reno7	部

图4-4 "商品基础资料"工作表的内容

任务3 定义名称

活力小贴士

在Excel中可以使用一些工具来管理复杂的工程，有一个特别好用的工具就是"定义名称"。它可以用名称来明确单元格或区域，这样在以后编写公式时，就可以很方便地用所定义的名称替代公式中的单元格地址，使用名称可使公式更加容易理解和更新。

如果用"单价"来定义区域"Sheet1!B2:B9"，则在公式或函数中可以使用名称代替单元格区域的地址，如公式"=AVERAGE(Sheet1!B2:B9)"就可用"=AVERAGE(单价)"代替，这样更容易记忆和编写。默认情况下，名称使用的是单元格或单元格区域的绝对地址。

创建和编辑名称时需要注意的语法规则如下。

① 不能使用"C""c""R"或"r"定义名称，因为它们在Excel中已有他用。

② 名称不能与单元格地址相同，如"A5"。

③ 名称中不能包含空格，可以使用下画线"_"和英文句点"."。例如，Sales_Tax或 First.Quarter。

④ 名称长度不能超过255个字符，建议尽量简短、易记。

⑤ 名称可以包含大写和小写字母（第①点涉及的除外），但Excel不区分名称中的大写和小写字母。

（1）选中要命名的 A2:D17 单元格区域。

（2）单击"公式"→"定义的名称"→"定义名称"按钮，打开"新建名称"对话框。

（3）在"名称"文本框中输入"商品信息"，如图 4-5 所示。

图 4-5　"新建名称"对话框

（4）单击"确定"按钮。

活力小贴士　　定义好名称后，选中 A2:D17 单元格区域时，定义的名称显示在 Excel 窗口的"名称框"中，如图 4-6 所示。

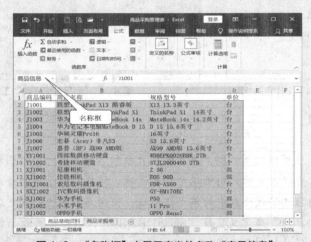

图 4-6　"名称框"中显示定义的名称"商品信息"

如果只选中定义区域内的一个或部分单元格，则"名称框"中不会显示定义的区域名称。

任务 4　创建"商品采购单"的框架

（1）选中"商品采购单"工作表。

（2）在 A1 单元格中输入表格标题"商品采购明细表"。

（3）在 A2:M2 单元格区域中输入图 4-7 所示的表格标题字段。

	A	B	C	D	E	F	G	H	I	J	K	L	M
1	商品采购明细表												
2	序号	采购日期	商品编码	商品名称	规格型号	单位	数量	单价	金额	支付方式	供应商	已付货款	应付货款余额
3													
4													

图 4-7　"商品采购单"的框架

任务 5　输入商品采购记录

（1）输入序号和采购日期。

① 定义"序号"列的数据格式为"文本"。选中 A 列，单击"开始"→"数字"→"数字格式"列表框，从下拉列表中选择"文本"，如图 4-8 所示。

② 选中 A3 单元格，输入"001"，拖曳填充柄至 A19 单元格，即可在 A3:A19 单元格区域中输入序号"001"～"017"。

③ 参照图 4-9，输入"采购日期"列的数据。

图 4-8　"数字格式"下拉列表

图 4-9　输入"采购日期"列的数据

（2）利用数据验证功能制作"商品编码"下拉列表。

① 选中 C3:C19 单元格区域。

② 单击"数据"→"数据工具"→"数据验证"下拉按钮，从下拉菜单中选择"数据验证"命令，打开"数据验证"对话框。

③ 在"设置"选项卡中的"允许"下拉列表中选择"序列"，如图 4-10 所示。

④ 单击"来源"右侧的"折叠"按钮，选取"商品基础资料"工作表的 A2:A17 单元格区域，如图 4-11 所示。

⑤ 单击"返回"按钮，返回"数据验证"对话框，"来源"文本框中已经显示了序列来源，如图 4-12 所示。

图 4-10　"数据验证"对话框

⑥ 单击"确定"按钮，返回"商品采购单"工作表，选中设置了数据验证的任意单元格，单击下拉按钮可以显示图 4-13 所示的"商品编码"下拉列表。

（3）参照图 4-14，利用下拉列表输入"商品编码"的数据。

（4）使用 VLOOKUP 函数引用"商品名称""规格型号""单位"的数据。

微课 4-1　利用"数据验证"制作"商品编码"下拉列表

微课 4-2　使用 VLOOKUP 函数引用"商品名称、规格型号和单位"数据

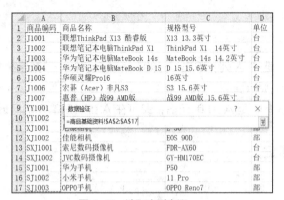

图 4-11　选取序列来源

图 4-12　设置数据序列来源

图 4-13　"商品编码"下拉列表

图 4-14　用下拉列表输入"商品编码"的数据

① 选中 D3 单元格。

② 单击"公式"→"函数库"→"插入函数"按钮，打开"插入函数"对话框，在"选择函数"列表中选择"VLOOKUP"后单击"确定"按钮，打开"函数参数"对话框，设置图 4-15 所示的参数。

图 4-15　引用"商品名称"的 VLOOKUP 函数的参数

③ 单击"确定"按钮，引用相应的"商品名称"数据。

④ 选中 D3 单元格，拖曳填充柄至 D19 单元格，将公式复制到 D4:D19 单元格区域中，可引用所有商品的商品名称。

⑤ 用同样的操作方法，分别引用"规格型号"和"单位"的数据。

⑥ 适当调整列宽，如图 4-16 所示。

	A	B	C	D	E	F
1	商品采购明细表					
2	序号	采购日期	商品编码	商品名称	规格型号	单位
3	001	2022-10-2	J1002	联想笔记本电脑ThinkPad X1	ThinkPad X1　14英寸	台
4	002	2022-10-5	J1004	华为笔记本电脑MateBook D15	D15 15.6英寸	台
5	003	2022-10-5	J1005	华硕灵耀Pro16	16英寸	台
6	004	2022-10-8	YY1001	西部数据移动硬盘	WDBEPK0020BBK 2TB	个
7	005	2022-10-10	XJ1002	佳能相机	EOS 90D	部
8	006	2022-10-12	SXJ1001	索尼数码摄像机	FDR-AX60	台
9	007	2022-10-16	SJ1001	华为手机	P50	部
10	008	2022-10-17	J1001	联想ThinkPad X13 酷睿版	X13 13.3英寸	台
11	009	2022-10-19	J1006	宏碁(Acer)非凡S3	S3 15.6英寸	台
12	010	2022-10-19	YY1002	希捷移动硬盘	STJL2000400 2TB	个
13	011	2022-10-22	SJ1003	OPPO手机	OPPO Reno7	部
14	012	2022-10-24	J1003	华为笔记本电脑MateBook 14s	MateBook 14s 14.2英寸	台
15	013	2022-10-25	J1005	华硕灵耀Pro16	16英寸	台
16	014	2022-10-29	J1007	惠普（HP）战99 AMD版	战99 AMD版 15.6英寸	台
17	015	2022-10-31	XJ1002	佳能相机	EOS 90D	部
18	016	2022-10-31	SXJ1002	JVC数码摄像机	GY-HM170EC	台
19	017	2022-10-31	SJ1001	华为手机	P50	部

图 4-16　用 VLOOKUP 函数引用"商品名称""规格型号""单位"的数据

活力小贴士

这里，在设置 VLOOKUP 的第 2 个参数 table_array 时，其引用区域为"商品基础资料!\$A\$2:\$D\$17"，但由于在"任务 3"中，为 A2:D17 单元格区域定义了名称"商品信息"，且定义名称默认引用绝对地址 \$A\$2:\$D\$17，因此，当这里选择"商品基础资料!\$A\$2:\$D\$17"单元格区域时，自动显示为定义的名称"商品信息"。

（5）参照图 4-17，输入"数量"和"单价"的数据。

	A	B	C	D	E	F	G	H
1	商品采购明细表							
2	序号	采购日期	商品编码	商品名称	规格型号	单位	数量	单价
3	001	2022-10-2	J1002	联想笔记本电脑ThinkPad X1	ThinkPad X1　14英寸	台	16	7850
4	002	2022-10-5	J1004	华为笔记本电脑MateBook D15	D15 15.6英寸	台	8	5930
5	003	2022-10-5	J1005	华硕灵耀Pro16	16英寸	台	5	6620
6	004	2022-10-8	YY1001	西部数据移动硬盘	WDBEPK0020BBK 2TB	个	18	398
7	005	2022-10-10	XJ1002	佳能相机	EOS 90D	部	8	9620
8	006	2022-10-12	SXJ1001	索尼数码摄像机	FDR-AX60	台	6	9170
9	007	2022-10-16	SJ1001	华为手机	P50	部	25	4680
10	008	2022-10-17	J1001	联想ThinkPad X13 酷睿版	X13 13.3英寸	台	28	5308
11	009	2022-10-19	J1006	宏碁(Acer)非凡S3	S3 15.6英寸	台	10	3108
12	010	2022-10-19	YY1002	希捷移动硬盘	STJL2000400 2TB	个	12	385
13	011	2022-10-22	SJ1003	OPPO手机	OPPO Reno7	部	18	2410
14	012	2022-10-24	J1003	华为笔记本电脑MateBook 14s	MateBook 14s 14.2英寸	台	6	7750
15	013	2022-10-25	J1005	华硕灵耀Pro16	16英寸	台	16	6620
16	014	2022-10-29	J1007	惠普（HP）战99 AMD版	战99 AMD版 15.6英寸	台	10	7218
17	015	2022-10-31	XJ1002	佳能相机	EOS 90D	部	15	9620
18	016	2022-10-31	SXJ1002	JVC数码摄像机	GY-HM170EC	台	5	7800
19	017	2022-10-31	SJ1001	华为手机	P50	部	15	4680

图 4-17　输入"数量"和"单价"的数据

（6）利用数据验证制作"支付方式"下拉列表。

① 选中 J3:J19 单元格区域。

② 单击"数据"→"数据工具"→"数据验证"下拉按钮，从下拉菜单中选择"数据验证"命令，打开"数据验证"对话框。

③ 在"设置"选项卡中的"允许"下拉列表中选择"序列"。

④ 在"来源"文本框中输入待选的支付方式列表"现金,银行转账,汇款,支票,本票"（各列表项之间以英文状态下的逗号分隔），如图 4-18 所示。

微课 4-3 利用数据验证制作"支付方式"下拉列表

图 4-18 "支付方式"数据验证设置

⑤ 单击"确定"按钮，完成"支付方式"下拉列表的设置。

（7）参照图 4-19，输入"支付方式""供应商""已付货款"的数据。

	A	B	C	D	E	F	G	H	I	J	K	L
1	商品采购明细表											
2	序号	采购日期	商品编码	商品名称	规格型号	单位	数量	单价	金额	支付方式	供应商	已付货款
3	001	2022-10-2	J1002	联想笔记本电脑ThinkPad X1	ThinkPad X1 14英寸	台	16	7850		银行转帐	威尔达科技	
4	002	2022-10-5	J1004	华为笔记本电脑MateBook D15	D15 15.6英寸	台	8	5930		支票	拓达科技	
5	003	2022-10-5	J1005	华硕灵耀Pro16	16英寸	台	5	6620		本票	拓达科技	
6	004	2022-10-8	YY1001	西部数据移动硬盘	WDBEPK0020BBK 2TB	个	18	398		现金	威尔达科技	7164
7	005	2022-10-10	XJ1002	佳能相机	EOS 90D	部	8	9620		支票	义美数码	
8	006	2022-10-12	SXJ1001	索尼数码摄像机	FDR-AX60	台	6	9170		支票	天宇数码	
9	007	2022-10-16	SJ1001	华为手机	P50	部	25	4680		银行转帐	顺成通讯	
10	008	2022-10-17	J1001	联想ThinkPad X13 酷睿版	X13 13.3英寸	台	28	5308		银行转帐	长城科技	
11	009	2022-10-19	J1006	宏碁(Acer)非凡S3	S3 15.6英寸	台	15	3108		本票	力锦科技	
12	010	2022-10-19	YY1002	希捷移动硬盘	STJL2000400 2TB	个	12	385		现金	天科电子	4620
13	011	2022-10-22	SJ1003	OPPO手机	OPPO Reno7	部	18	2410		支票	顺成通讯	
14	012	2022-10-24	J1003	华为笔记本电脑MateBook 14s	MateBook 14s 14.2英寸	台	6	7750		汇款	涵合科技	
15	013	2022-10-25	J1005	华硕灵耀Pro16	16英寸	台	16	6620		银行转帐	长城科技	
16	014	2022-10-29	J1007	惠普(HP)战99 AMD版	战99 AMD版 15.6英寸	台	10	7218		支票	百达信息	
17	015	2022-10-31	XJ1002	佳能相机	EOS 90D	部	15	9620		汇款	义美数码	
18	016	2022-10-31	SXJ1002	JVC数码摄像机	GY-HM170EC	台	5	7800		现金	天宇数码	5000
19	017	2022-10-31	SJ1001	华为手机	P50	部	15	4680		银行转帐	顺成通讯	

图 4-19 输入"支付方式""供应商""已付货款"的数据

（8）计算"金额"和"应付货款余额"。

① 计算"金额"。选中 I3 单元格，输入公式"=G3*H3"，按"Enter"键确认。再次选中 I3 单元格，拖曳填充柄至 I19 单元格，将公式复制到 I4:I19 单元格区域中，计算出所有商品的"金额"。

② 计算"应付货款余额"。选中 M3 单元格，输入公式"=I3-L3"，按"Enter"键确认。再次选中 M3 单元格，拖曳填充柄至 M19 单元格，将公式复制到 M4:M19 单元格区域中，计算出所有商品的"应付货款余额"，如图 4-20 所示。

	A	B	C	D	E	F	G	H	I	J	K	L	M
1	商品采购明细表												
2	序号	采购日期	商品编码	商品名称	规格型号	单位	数量	单价	金额	支付方式	供应商	已付货款	应付货款余额
3	001	2022-10-2	J1002	联想笔记本电脑ThinkPad X1	ThinkPad X1 14英寸	台	16	7850	125600	银行转帐	威尔达科技		125600
4	002	2022-10-5	J1004	华为笔记本电脑MateBook D15	D15 15.6英寸	台	8	5930	47440	支票	拓达科技		47440
5	003	2022-10-5	J1005	华硕灵耀Pro16	16英寸	台	5	6620	33100	本票	拓达科技		33100
6	004	2022-10-8	YY1001	西部数据移动硬盘	WDBEPK0020BBK 2TB	个	18	398	7164	现金	威尔达科技	7164	0
7	005	2022-10-10	XJ1002	佳能相机	EOS 90D	部	8	9620	76960	支票	义美数码		76960
8	006	2022-10-12	SXJ1001	索尼数码摄像机	FDR-AX60	台	6	9170	55020	支票	天宇数码		55020
9	007	2022-10-16	SJ1001	华为手机	P50	部	25	4680	117000	银行转帐	顺成通讯		117000
10	008	2022-10-17	J1001	联想ThinkPad X13 酷睿版	X13 13.3英寸	台	28	5308	148624	银行转帐	长城科技		148624
11	009	2022-10-19	J1006	宏碁(Acer)非凡S3	S3 15.6英寸	台	15	3108	46620	本票	力锦科技		46620
12	010	2022-10-19	YY1002	希捷移动硬盘	STJL2000400 2TB	个	12	385	4620	现金	天科电子	4620	0
13	011	2022-10-22	SJ1003	OPPO手机	OPPO Reno7	部	18	2410	43380	支票	顺成通讯		43380
14	012	2022-10-24	J1003	华为笔记本电脑MateBook 14s	MateBook 14s 14.2英寸	台	6	7750	46500	汇款	涵合科技		46500
15	013	2022-10-25	J1005	华硕灵耀Pro16	16英寸	台	16	6620	105920	银行转帐	长城科技		105920
16	014	2022-10-29	J1007	惠普(HP)战99 AMD版	战99 AMD版 15.6英寸	台	10	7218	72180	支票	百达信息		72180
17	015	2022-10-31	XJ1002	佳能相机	EOS 90D	部	15	9620	144300	汇款	义美数码		144300
18	016	2022-10-31	SXJ1002	JVC数码摄像机	GY-HM170EC	台	5	7800	39000	现金	天宇数码	5000	34000
19	017	2022-10-31	SJ1001	华为手机	P50	部	15	4680	70200	银行转帐	顺成通讯		70200

图 4-20 计算"金额"和"应付货款余额"

任务 6 美化"商品采购单"

（1）将 A1:M1 单元格区域设置为"合并后居中"，并设置标题的格式为"华文行楷、18 磅"。

（2）设置 A2:M2 单元格区域的标题字段格式为"加粗、居中"。

（3）设置"单价""金额""已付货款""应付货款余额"的数据格式为"货币"，保留 0 位小数，如图 4-21 所示。

序号	采购日期	商品编码	商品名称	规格型号	单位	数量	单价	金额	支付方式	供应商	已付货款	应付货款余额
001	2022-10-2	J1002	联想笔记本电脑ThinkPad X1	ThinkPad X1 14英寸	台	16	¥7,850	¥125,600	银行转帐	威尔达科技		¥125,600
002	2022-10-5	J1004	华为笔记本电脑MateBook D15	D15 15.6英寸	台	8	¥5,930	¥47,440	支票	拓达科技		¥47,440
003	2022-10-5	J1005	华硕灵耀Pro16	16英寸	台	5	¥6,620	¥33,100	本票	拓达科技		¥33,100
004	2022-10-8	YY1001	西部数据移动硬盘	WDBEPK0020BBK 2TB	个	18	¥398	¥7,164	现金	威尔达科技	¥7,164	¥0
005	2022-10-10	XJ1002	佳能相机	EOS 90D	部	8	¥9,620	¥76,960	支票	义美数码		¥76,960
006	2022-10-12	SXJ1001	索尼数码摄像机	FDR-AX60	台	6	¥9,170	¥55,020	支票	天宇数码		¥55,020
007	2022-10-16	SJ1001	华为手机	P50	部	25	¥4,680	¥117,000	银行转帐	顺成通讯		¥117,000
008	2022-10-17	J1001	联想ThinkPad X13 酷睿版	X13 13.3英寸	台	28	¥5,308	¥148,624	银行转帐	长城科技		¥148,624
009	2022-10-19	J1006	宏碁(Acer)非凡S3	S3 15.6英寸	台	15	¥3,108	¥46,620	本票	力锦科技		¥46,620
010	2022-10-19	YY1002	希捷移动硬盘	STJL2000400 2TB	个	12	¥385	¥4,620	现金	天科电子	¥4,620	¥0
011	2022-10-22	J1003	OPPO手机	OPPO Reno7	部	18	¥2,410	¥43,380	支票	顺成通讯		¥43,380
012	2022-10-24	J1003	华硕灵耀Pro16	MateBook 14s 14.2英寸	台	6	¥7,750	¥46,500	汇款	涵合科技		¥46,500
013	2022-10-25	J1005	华硕灵耀Pro16	16英寸	台	16	¥6,620	¥105,920	银行转帐	长城科技		¥105,920
014	2022-10-28	J1007	惠普(HP)战99 AMD版	战99 AMD版 15.6英寸	台	10	¥7,218	¥72,180	支票	百达信息		¥72,180
015	2022-10-31	XJ1002	佳能相机	EOS 90D	部	15	¥9,620	¥144,300	汇款	义美数码		¥144,300
016	2022-10-31	SXJ1002	JVC数码摄像机	GY-HM170EC	台	5	¥7,800	¥39,000	现金	天宇数码	¥5,000	¥34,000
017	2022-10-31	SJ1001	华为手机	P50	部	15	¥4,680	¥70,200	银行转帐	顺成通讯		¥70,200

图 4-21 设置数据格式为"货币"

（4）将"序号""单位""支付方式"列的数据的对齐方式设置为"居中"。

（5）为 A2:M19 单元格区域添加"所有框线"样式的边框。

（6）适当调整各列的宽度。

任务 7 分析采购业务数据

（1）复制工作表。将"商品采购单"工作表复制 5 份，分别重命名为"金额超过 5 万元的采购记录""手机采购记录""10 月中旬的采购记录""10 月下旬银行转账的采购记录""单价高于 5000 元或金额超过 6 万元的采购记录"。

（2）筛选金额超过 5 万元的采购记录。

① 切换到"金额超过 5 万元的采购记录"工作表。

② 选中数据区域中任一单元格，单击"数据"→"排序和筛选"→"筛选"按钮，构建自动筛选。系统将在每个标题字段上添加一个下拉按钮，如图 4-22 所示。

序	采购日↓	商品编↓	商品名称	规格型号	单	数↓	单价↓	金额↓	支付方↓	供应商	已付货↓	应付货款余↓
001	2022-10-2	J1002	联想笔记本电脑ThinkPad X1	ThinkPad X1 14英寸	台	16	¥7,850	¥125,600	银行转帐	威尔达科技		¥125,600
002	2022-10-5	J1004	华为笔记本电脑MateBook D15	D15 15.6英寸	台	8	¥5,930	¥47,440	支票	拓达科技		¥47,440
003	2022-10-5	J1005	华硕灵耀Pro16	16英寸	台	5	¥6,620	¥33,100	本票	拓达科技		¥33,100
004	2022-10-8	YY1001	西部数据移动硬盘	WDBEPK0020BBK 2TB	个	18	¥398	¥7,164	现金	威尔达科技	¥7,164	¥0
005	2022-10-10	XJ1002	佳能相机	EOS 90D	部	8	¥9,620	¥76,960	支票	义美数码		¥76,960
006	2022-10-12	SXJ1001	索尼数码摄像机	FDR-AX60	台	6	¥9,170	¥55,020	支票	天宇数码		¥55,020
007	2022-10-16	SJ1001	华为手机	P50	部	25	¥4,680	¥117,000	银行转帐	顺成通讯		¥117,000
008	2022-10-17	J1001	联想ThinkPad X13 酷睿版	X13 13.3英寸	台	28	¥5,308	¥148,624	银行转帐	长城科技		¥148,624
009	2022-10-19	J1006	宏碁(Acer)非凡S3	S3 15.6英寸	台	15	¥3,108	¥46,620	本票	力锦科技		¥46,620
010	2022-10-19	YY1002	希捷移动硬盘	STJL2000400 2TB	个	12	¥385	¥4,620	现金	天科电子	¥4,620	¥0
011	2022-10-22	SJ1003	OPPO手机	OPPO Reno7	部	18	¥2,410	¥43,380	支票	顺成通讯		¥43,380
012	2022-10-24	J1003	华为笔记本电脑MateBook 14s	MateBook 14s 14.2英寸	台	6	¥7,750	¥46,500	汇款	涵合科技		¥46,500
013	2022-10-25	J1005	华硕灵耀Pro16	16英寸	台	16	¥6,620	¥105,920	银行转帐	长城科技		¥105,920
014	2022-10-28	J1007	惠普(HP)战99 AMD版	战99 AMD版 15.6英寸	台	10	¥7,218	¥72,180	支票	百达信息		¥72,180
015	2022-10-31	XJ1002	佳能相机	EOS 90D	部	15	¥9,620	¥144,300	汇款	义美数码		¥144,300
016	2022-10-31	SXJ1002	JVC数码摄像机	GY-HM170EC	台	5	¥7,800	¥39,000	现金	天宇数码	¥5,000	¥34,000
017	2022-10-31	SJ1001	华为手机	P50	部	15	¥4,680	¥70,200	银行转帐	顺成通讯		¥70,200

图 4-22 自动筛选工作表

③ 设置筛选条件。单击"金额"下拉按钮，打开筛选菜单，选择图 4-23 所示的"数字筛选"级联菜单中的"大于"命令，打开"自定义自动筛选方式"对话框。

④ 将"金额"中"大于"的值设置为"50000"，如图 4-24 所示。

图 4-23 设置"金额"的筛选菜单　　　　　　　图 4-24 "自定义自动筛选方式"对话框

⑤ 单击"确定"按钮后，筛选出金额超过 5 万元的采购记录。筛选结果如图 4-25 所示。

	A	B	C	D	E	F	G	H	I	J	K	L	M
1					商品采购明细表								
2	序	采购日期	商品编	商品名称	规格型号	单	数	单价	金额	支付方	供应商	已付货	应付货款余
3	001	2022-10-2	J1002	联想笔记本电脑ThinkPad X1	ThinkPad X1　14英寸	台	16	¥7,850	¥125,600	银行转帐	威尔达科技		¥125,600
7	005	2022-10-10	XJ1002	佳能相机	EOS 90D	部	8	¥9,620	¥76,960	支票	义美数码		¥76,960
8	006	2022-10-12	SXJ1001	索尼数码摄像机	FDR-AX60	部	6	¥9,170	¥55,020	支票	天宇数码		¥55,020
9	007	2022-10-16	SJ1001	华为手机	P50	部	25	¥4,680	¥117,000	银行转帐	顺成通讯		¥117,000
10	008	2022-10-17	J1001	联想ThinkPad X13 酷睿版	X13 13.3英寸	台	28	¥5,308	¥148,624	银行转帐	长城科技		¥148,624
15	013	2022-10-25	J1005	华硕灵耀Pro16	16英寸	台	16	¥6,620	¥105,920	银行转帐	长城科技		¥105,920
16	014	2022-10-29	J1007	惠普（HP）战99 AMD版	战99 AMD版 15.6英寸	台	10	¥7,218	¥72,180	支票	百达信息		¥72,180
17	015	2022-10-31	XJ1002	佳能相机	EOS 90D	部	15	¥9,620	¥144,300	汇款	义美数码		¥144,300
19	017	2022-10-31	SJ1001	华为手机	P50	部	15	¥4,680	¥70,200	银行转帐	顺成通讯		¥70,200

图 4-25 筛选出金额超过 5 万元的采购记录

（3）筛选手机采购记录。

① 切换到"手机采购记录"工作表。

② 选中数据区域中任一单元格，单击"数据"→"排序和筛选"→"筛选"按钮，构建自动筛选。

③ 单击"商品名称"下拉按钮，打开筛选菜单，选择图 4-26 所示的"文本筛选"级联菜单中的"包含"命令，打开"自定义自动筛选方式"对话框。

图 4-26 设置"商品名称"的筛选菜单

④ 将"商品名称"中的"包含"的值设置为"手机",如图 4-27 所示。

图 4-27　自定义"商品名称"的筛选方式

⑤ 单击"确定"按钮后,筛选出商品名称中含有"手机"字符的手机采购记录。筛选结果如图 4-28 所示。

	A	B	C	D	E	F	G	H	I	J	K	L	M
1					商品采购明细表								
2	序	采购日期	商品编	商品名称	规格型号	单	数	单价	金额	支付方	供应商	已付货	应付货款余
9	007	2022-10-16	SJ1001	华为手机	P50	部	25	¥4,680	¥117,000	银行转帐	顺成通讯		¥117,000
13	011	2022-10-22	SJ1003	OPPO手机	OPPO Reno7	部	18	¥2,410	¥43,380	支票	顺成通讯		¥43,380
19	017	2022-10-31	SJ1001	华为手机	P50	部	15	¥4,680	¥70,200	银行转帐	顺成通讯		¥70,200

图 4-28　筛选出的手机采购记录

（4）筛选 10 月中旬的采购记录。

① 切换到"10 月中旬的采购记录"工作表。

② 选中数据区域中任一单元格,单击"数据"→"排序和筛选"→"筛选"按钮,构建自动筛选。

③ 单击"采购日期"下拉按钮,打开筛选菜单,选择图 4-29 所示的"日期筛选"级联菜单中的"介于"命令,打开"自定义自动筛选方式"对话框。

图 4-29　设置"采购日期"的筛选菜单

④ 按图 4-30 所示设置"采购日期"的日期范围。

⑤ 单击"确定"按钮后,筛选出 10 月中旬的采购记录。筛选结果如图 4-31 所示。

137

图 4-30　自定义"采购日期"的筛选方式

序	采购日期	商品编	商品名称	规格型号	单位	数	单价	金额	支付方式	供应商	已付货	应付货款余
				商品采购明细表								
006	2022-10-12	SXJ1001	索尼数码摄像机	FDR-AX60	台	6	¥9,170	¥55,020	支票	天宇数码		¥55,020
007	2022-10-16	SJ1001	华为手机	P50	部	25	¥4,680	¥117,000	银行转账	顺成通讯		¥117,000
008	2022-10-17	J1001	联想ThinkPad X13 酷睿版	X13 13.3英寸	台	28	¥5,308	¥148,624	银行转账	长城科技		¥148,624
009	2022-10-19	J1006	宏碁（Acer）非凡S3	S3 15.6英寸	台	15	¥3,108	¥46,620	本票	力锦科技		¥46,620
010	2022-10-19	YY1002	希捷移动硬盘	STJL2000400 2TB	个	12	¥385	¥4,620	现金	天科电子	¥4,620	¥0

图 4-31　筛选出 10 月中旬的采购记录

（5）筛选 10 月下旬银行转账的采购记录。

① 切换到"10 月下旬银行转账的采购记录"工作表。

② 选中数据区域中任一单元格，单击"数据"→"排序和筛选"→"筛选"按钮，构建自动筛选。

③ 单击"采购日期"下拉按钮，打开筛选菜单，选择"日期筛选"级联菜单中的"之后"命令，打开"自定义自动筛选方式"对话框，按图 4-32 所示设置"采购日期"，单击"确定"按钮，筛选出 10 月下旬的采购记录。

④ 单击"支付方式"下拉按钮，打开筛选菜单，在"支付方式"的值列表中勾选"银行转账"复选框，如图 4-33 所示。

图 4-32　自定义"采购日期"的筛选方式

图 4-33　设置"支付方式"的筛选菜单

⑤ 单击"确定"按钮，可得到图 4-34 所示的筛选结果。

序	采购日期	商品编	商品名称	规格型号	单位	数	单价	金额	支付方式	供应商	已付货	应付货款余
				商品采购明细表								
013	2022-10-25	J1005	华硕灵耀Pro16	16英寸	台	16	¥6,620	¥105,920	银行转账	长城科技		¥105,920
017	2022-10-31	SJ1001	华为手机	P50	部	15	¥4,680	¥70,200	银行转账	顺成通讯		¥70,200

图 4-34　筛选 10 月下旬银行转账的采购记录

（6）筛选单价高于 5000 元和金额超过 6 万元的采购记录。

① 输入筛选条件。切换到"单价高于 5000 元和金额超过 6 万元的采购记录"工作表，在 D21:E23 单元格区域中输入筛选条件，如图 4-35 所示。

② 选中数据区域的任一单元格，单击"数据"→"排序和筛选"→"高级"按钮，弹出"高级筛选"对话框。

③ 选中"方式"中的"在原有区域显示筛选结果"单选按钮，设置列表区域和条件区域，如图 4-36 所示。

微课 4-4 筛选单价高于 5000 元和金额超过 6 万元的记录

单价	金额
>5000	
	>60000

图 4-35 高级筛选的条件区域

图 4-36 "高级筛选"对话框

④ 单击"确定"按钮，得到图 4-37 所示的筛选结果。

	A	B	C	D	E	F	G	H	I	J	K	L	M
1					商品采购明细表								
2	序号	采购日期	商品编码	商品名称	规格型号	单位	数量	单价	金额	支付方式	供应商	已付货款	应付货款余额
3	001	2022-10-2	J1002	联想笔记本电脑ThinkPad X1	ThinkPad X1　14英寸	台	16	¥7,850	¥125,600	银行转帐	威尔达科技		¥125,600
4	002	2022-10-5	J1004	华为笔记本电脑MateBook D15	D15 15.6英寸	台	8	¥5,930	¥47,440	支票	拓达科技		¥47,440
5	003	2022-10-5	J1005	华硕灵耀Pro16	16英寸	台	5	¥6,620	¥33,100	本票	拓达科技		¥33,100
7	005	2022-10-10	XJ1002	佳能相机	EOS 90D	部	8	¥9,620	¥76,960	支票	义美数码		¥76,960
8	006	2022-10-12	SXJ1001	索尼数码摄像机	FDR-AX60	台	6	¥9,170	¥55,020	支票	天宇数码		¥55,020
9	007	2022-10-16	SJ1001	华为手机	P50	部	25	¥4,680	¥117,000	银行转帐	顺成通讯		¥117,000
10	008	2022-10-17	J1001	联想ThinkPad X13 酷睿版	X13 13.3英寸	台	28	¥5,308	¥148,624	支票	长城科技		¥148,624
14	012	2022-10-24	J1003	华为笔记本电脑MateBook 14s	MateBook 14s 14.2英寸	台	6	¥7,750	¥46,500	汇款	涵合科技		¥46,500
15	013	2022-10-25	J1005	华硕灵耀Pro16	16英寸	台	16	¥6,620	¥105,920	银行转帐	长城科技		¥105,920
16	014	2022-10-29	J1007	惠普（HP）战99 AMD版	战99 AMD版 15.6英寸	台	10	¥7,218	¥72,180	支票	百达信息		¥72,180
17	015	2022-10-31	XJ1002	佳能相机	EOS 90D	部	15	¥9,620	¥144,300	汇款	义美数码		¥144,300
18	016	2022-10-31	SXJ1002	JVC数码摄像机	GY-HM170EC	台	5	¥7,800	¥39,000	现金	天宇数码	¥5,000	¥34,000
19	017	2022-10-31	SJ1001	华为手机	P50	部	15	¥4,680	¥70,200	银行转帐	顺成通讯		¥70,200

图 4-37 筛选单价高于 5000 元或金额超过 6 万元的采购记录

活力小贴士

　　Excel 提供的筛选操作可将满足筛选条件的行保留，并将其余行隐藏，以便用户查看满足条件的数据。筛选完成后，保留的数据行的行号会变成蓝色。筛选可以分为自动筛选和高级筛选两种。

　　① 自动筛选是适用于简单条件的筛选，筛选时将不满足条件的数据暂时隐藏起来，只显示满足条件的数据。筛选列中的某值或按自定义条件进行筛选时，Excel 会根据应用筛选的列中的数据类型，筛选菜单中的筛选项自动变为"数字筛选""文本筛选"或"日期筛选"。

　　② 高级筛选是适用于复杂条件的筛选，其筛选的结果可以显示在原数据表格中，不满足条件的数据会被隐藏；也可以在新的位置显示筛选结果，不符合条件的数据同时保留在数据表中而不会被隐藏，这样更加便于进行数据的比对。

任务 8　按支付方式汇总"应付货款余额"

（1）复制"商品采购单"工作表，将复制的工作表重命名为"按支付方式汇总应付货款余额"。

（2）按支付方式对数据排序。选中数据区域中的任一单元格，单击"数据"→"排序和筛选"→"排序"按钮，打开"排序"对话框。设置主要关键字为"支付方式"，如图 4-38 所示，单击"确定"按钮。

微课 4-5　按支付方式汇总"应付款余额"

（3）按支付方式对"应付货款余额"进行汇总。

① 单击"数据"→"分级显示"→"分类汇总"按钮，打开"分类汇总"对话框。

② 在"分类汇总"对话框的"分类字段"下拉列表中选择"支付方式"，在"汇总方式"下拉列表中选择"求和"，在"选定汇总项"列表中勾选"应付货款余额"，如图 4-39 所示。

图 4-38　"排序"对话框

图 4-39　"分类汇总"对话框

③ 单击"确定"按钮，生成各种支付方式的应付货款余额汇总数据，如图 4-40 所示。

④ 在该工作表中，选择显示第 2 级汇总数据，将得到图 4-2 所示的效果。

序号	采购日期	商品编码	商品名称	规格型号	单位	数量	单价	金额	支付方式	供应商	已付货款	应付货款余额
				商品采购明细表								
003	2022-10-5	J1005	华硕灵耀Pro16	16英寸	台	5	¥6,620	¥33,100	本票	拓达科技		¥33,100
009	2022-10-19	J1006	索碁（Acer）非凡S3	S3 15.6英寸	台	15	¥3,108	¥46,620	本票	力锦科技		¥46,620
									本票 汇总			¥79,720
012	2022-10-24	J1003	华为笔记本电脑MateBook 14s	MateBook 14s 14.2英寸	台	6	¥7,750	¥46,500	汇款	涵合科技		¥46,500
015	2022-10-31	XJ1002	佳能相机	EOS 90D	部	15	¥9,620	¥144,300	汇款	义美数码		¥144,300
									汇款 汇总			¥190,800
004	2022-10-8	YY1001	西部数据移动硬盘	WDBEPK0020BBK 2TB	个	18	¥398	¥7,164	现金	威尔达科技	¥7,164	¥0
010	2022-10-19	YY1002	希捷移动硬盘	STJL2000400 2TB	个	12	¥385	¥4,620	现金	天科电子	¥4,620	¥0
016	2022-10-31	SXJ1002	JVC数码摄像机	GY-HM170EC	台	5	¥7,800	¥39,000	现金	天宇数码	¥5,000	¥34,000
									现金 汇总			¥34,000
001	2022-10-2	J1002	联想笔记本电脑ThinkPad X1	ThinkPad X1 14英寸	台	16	¥7,850	¥125,600	银行转账	威尔达科技		¥125,600
008	2022-10-16	SJ1001	华为手机	P50	部	25	¥4,680	¥117,000	银行转账	顺成通讯		¥117,000
007	2022-10-17	J1001	联想ThinkPad X13 酷睿版	X13 13.3英寸	台	28	¥5,308	¥148,624	银行转账	长城科技		¥148,624
013	2022-10-25	J1005	华硕灵耀Pro16	16英寸	台	16	¥6,620	¥105,920	银行转账	长城科技		¥105,920
017	2022-10-31	SJ1001	华为手机	P50	部	15	¥4,680	¥70,200	银行转账	顺成通讯		¥70,200
									银行转账 汇总			¥567,344
002	2022-10-5	J1004	华为笔记本电脑MateBook D15	D15 15.6英寸	台	8	¥5,930	¥47,440	支票	拓达科技		¥47,440
005	2022-10-10	XJ1002	佳能相机	EOS 90D	部	8	¥9,620	¥76,960	支票	义美数码		¥76,960
006	2022-10-12	SXJ1001	索尼数码摄像机	FDR-AX60	台	6	¥9,170	¥55,020	支票	天宇数码		¥55,020
011	2022-10-22	SJ1003	OPPO手机	OPPO Reno7	部	18	¥2,410	¥43,380	支票	顺成通讯		¥43,380
014	2022-10-29	J1007	惠普（HP）战99 AMD版	战99 AMD版 15.6英寸	台	10	¥7,218	¥72,180	支票	百达信息		¥72,180
									支票 汇总			¥294,980
									总计			¥1,166,844

图 4-40　按支付方式汇总应付货款余额

4.13.5 项目小结

本项目通过制作"商品采购管理表"，主要介绍了创建工作簿、重命名工作表、复制工作表、定义名称、利用数据验证设置下拉列表和利用 VLOOKUP 函数实现数据输入等。在编辑好表格的基础上，本项目使用"自动筛选""高级筛选"对数据进行了分析。此外，本项目通过分类汇总对各种支付方式的应付货款余额进行了汇总统计。

4.13.6 拓展项目

1. 统计各种商品的采购数量和金额

图 4-41 所示为统计各种商品的采购数量和金额。

	A	B	C	D	E	F	G	H	I	J	K	L	M
1					商品采购明细表								
2	序号	采购日期	商品编码	商品名称	规格型号	单位	数量	单价	金额	支付方式	供应商	已付货款	应付货款余额
4				JVC数码摄像机 汇总			5		¥39,000				
6				OPPO手机 汇总			18		¥43,380				
8				宏碁(Acer)非凡S3 汇总			15		¥46,620				
11				华硕灵耀Pro16 汇总			21		¥139,020				
13				华为笔记本电脑MateBook 14s 汇总			6		¥46,500				
15				华为笔记本电脑MateBook D15 汇总			8		¥47,440				
18				华为手机 汇总			40		¥187,200				
20				惠普(HP)战99 AMD版 汇总			10		¥72,180				
23				佳能相机 汇总			23		¥221,260				
25				联想ThinkPad X13 酷睿版 汇总			28		¥148,624				
27				联想笔记本电脑ThinkPad X1 汇总			16		¥125,600				
29				索尼数码摄像机 汇总			6		¥55,020				
31				西部数据移动硬盘 汇总			18		¥7,164				
33				希捷移动硬盘 汇总			12		¥4,620				
34				总计			226		¥1,183,628				

图 4-41 统计各种商品的采购数量和金额

2. 统计各供应商的每种商品的销售金额

图 4-42 所示为统计各供应商的每种商品的销售金额。

	A	B	C	D	E	F	G	H	I	J	K	L
3	求和项:金额	供应商										
4	商品名称	自达信息	涵合科技	力锦科技	顺成通讯	拓达科技	天科电子	天宇数码	威尔达科技	义美数码	长城科技	总计
5	JVC数码摄像机							39000				39000
6	OPPO手机				43380							43380
7	宏碁(Acer)非凡S3			46620								46620
8	华硕灵耀Pro16					33100					105920	139020
9	华为笔记本电脑MateBook 14s		46500									46500
10	华为笔记本电脑MateBook D15					47440						47440
11	华为手机				187200							187200
12	惠普(HP)战99 AMD版	72180										72180
13	佳能相机									221260		221260
14	联想ThinkPad X13 酷睿版										148624	148624
15	联想笔记本电脑ThinkPad X1								125600			125600
16	索尼数码摄像机							55020				55020
17	西部数据移动硬盘							7164				7164
18	希捷移动硬盘						4620					4620
19	总计	72180	46500	46620	230580	80540	4620	94020	132764	221260	254544	1183628

图 4-42 统计各供应商的每种商品的销售金额

项目 14 商品库存管理

示例文件	原始文件：示例文件\素材文件\项目 14\商品库存管理表.xlsx
	效果文件：示例文件\效果文件\项目 14\商品库存管理表.xlsx

4.14.1 项目背景

对于一个公司来说，库存管理是物流体系中不可缺少的重要一环，库存管理的规范化将为物流体系带来切实的便利。不管是销售型公司还是生产型公司，其商品或产品的进货入库、库存统计、销售出货等，都是物流部工作人员每日工作的重要内容。通过各种方式对仓库出入库数据做出合理的统计，也是物流部工作人员应该做好的工作。本项目将通过制作"商品库存管理表"来学习 Excel 2016 在库存管理方面的应用。

4.14.2 项目效果

公司第一仓库及第二仓库入库工作表如图 4-43 和图 4-44 所示。第一、第二仓库出库工作表如图 4-45 和图 4-46 所示。仓库的入库、出库汇总表如图 4-47 和图 4-48 所示。

	A	B	C	D	E	F
1				科源有限公司第一仓库入库明细表		
2		统计日期	2022年10月		仓库主管	李莫蕾
3	编号	日期	商品编码	商品名称	规格型号	数量
4	NO-1-0001	2022-10-2	J1002	联想笔记本电脑ThinkPad X1	ThinkPad X1 14英寸	5
5	NO-1-0002	2022-10-3	SXJ1002	JVC数码摄像机	GY-HM170EC	10
6	NO-1-0003	2022-10-7	J1001	联想ThinkPad X13 酷睿版	X13 13.3英寸	8
7	NO-1-0004	2022-10-8	SJ1003	OPPO手机	OPPO Reno7	15
8	NO-1-0005	2022-10-8	SJ1001	华为手机	P50	4
9	NO-1-0006	2022-10-8	XJ1001	尼康相机	Z 50	15
10	NO-1-0007	2022-10-12	XJ1002	佳能相机	EOS 90D	2
11	NO-1-0008	2022-10-15	SJ1002	小米手机	11 Pro	10
12	NO-1-0009	2022-10-18	YY1002	希捷移动硬盘	STJL2000400 2TB	20
13	NO-1-0010	2022-10-20	J1004	华为笔记本电脑MateBook D 15	D 15 15.6英寸	12
14	NO-1-0011	2022-10-21	J1005	华硕灵耀Pro16	16英寸	8
15	NO-1-0012	2022-10-21	J1007	惠普（HP）战99 AMD版	战99 AMD版 15.6英寸	10
16	NO-1-0013	2022-10-22	SXJ1001	索尼数码摄像机	FDR-AX60	8
17	NO-1-0014	2022-10-25	J1003	华为笔记本电脑MateBook 14s	MateBook 14s 14.2英寸	9
18	NO-1-0015	2022-10-25	SJ1001	华为手机	P50	10
19	NO-1-0016	2022-10-29	YY1001	西部数据移动硬盘	WDBEPK0020BBK 2TB	7

图 4-43 "第一仓库入库"效果图

	A	B	C	D	E	F
1				科源有限公司第二仓库入库明细表		
2		统计日期	2022年10月		仓库主管	周谦
3	编号	日期	商品编码	商品名称	规格型号	数量
4	NO-2-0001	2022-10-2	J1006	宏碁（Acer）非凡S3	S3 15.6英寸	5
5	NO-2-0002	2022-10-5	YY1002	希捷移动硬盘	STJL2000400 2TB	12
6	NO-2-0003	2022-10-7	J1001	联想ThinkPad X13 酷睿版	X13 13.3英寸	10
7	NO-2-0004	2022-10-8	J1004	华为笔记本电脑MateBook D 15	D 15 15.6英寸	10
8	NO-2-0005	2022-10-8	SJ1003	OPPO手机	OPPO Reno7	12
9	NO-2-0006	2022-10-9	J1003	华为笔记本电脑MateBook 14s	MateBook 14s 14.2英寸	8
10	NO-2-0007	2022-10-10	SJ1002	小米手机	11 Pro	7
11	NO-2-0008	2022-10-12	J1003	华为笔记本电脑MateBook 14s	MateBook 14s 14.2英寸	3
12	NO-2-0009	2022-10-12	J1004	华为笔记本电脑MateBook D 15	D 15 15.6英寸	10
13	NO-2-0010	2022-10-15	SXJ1001	索尼数码摄像机	FDR-AX60	3
14	NO-2-0011	2022-10-18	XJ1001	尼康相机	Z 50	5
15	NO-2-0012	2022-10-20	J1007	惠普（HP）战99 AMD版	战99 AMD版 15.6英寸	8
16	NO-2-0013	2022-10-22	J1001	联想ThinkPad X13 酷睿版	X13 13.3英寸	8
17	NO-2-0014	2022-10-23	J1003	华为笔记本电脑MateBook 14s	MateBook 14s 14.2英寸	5
18	NO-2-0015	2022-10-27	XJ1002	佳能相机	EOS 90D	6
19	NO-2-0016	2022-10-28	YY1001	西部数据移动硬盘	WDBEPK0020BBK 2TB	16
20	NO-2-0017	2022-10-28	J1002	联想笔记本电脑ThinkPad X1	ThinkPad X1 14英寸	8
21	NO-2-0018	2022-10-29	SXJ1002	JVC数码摄像机	GY-HM170EC	5

图 4-44 "第二仓库入库"效果图

科源有限公司第一仓库出库明细表

	A	B	C	D	E	F
1			科源有限公司第一仓库出库明细表			
2		统计日期	2022年10月		仓库主管	李莫菁
3	编号	日期	商品编码	商品名称	规格型号	数量
4	NO-1-0001	2022-10-3	J1002	联想笔记本电脑ThinkPad X1	ThinkPad X1 14英寸	5
5	NO-1-0002	2022-10-5	J1004	华为笔记本电脑MateBook D 15	D 15 15.6英寸	10
6	NO-1-0003	2022-10-8	SJ1003	OPPO手机	OPPO Reno7	8
7	NO-1-0004	2022-10-10	J1001	联想ThinkPad X13 酷睿版	X13 13.3英寸	4
8	NO-1-0005	2022-10-10	YY1002	希捷移动硬盘	STJL2000400 2TB	18
9	NO-1-0006	2022-10-13	SXJ1001	索尼数码摄像机	FDR-AX60	3
10	NO-1-0007	2022-10-15	J1001	联想ThinkPad X13 酷睿版	X13 13.3英寸	2
11	NO-1-0008	2022-10-17	J1006	宏碁（Acer）非凡S3	S3 15.6英寸	6
12	NO-1-0009	2022-10-18	XJ1002	佳能相机	EOS 90D	8
13	NO-1-0010	2022-10-20	XJ1001	尼康相机	Z 50	5
14	NO-1-0011	2022-10-21	YY1001	西部数据移动硬盘	WDBEPK0020BBK 2TB	10
15	NO-1-0012	2022-10-23	J1005	华硕灵耀Pro16	16英寸	8
16	NO-1-0013	2022-10-25	J1007	惠普（HP）战99 AMD版	战99 AMD版 15.6英寸	9
17	NO-1-0014	2022-10-26	J1003	华为笔记本电脑MateBook 14s	MateBook 14s 14.2英寸	2
18	NO-1-0015	2022-10-27	SJ1002	小米手机	11 Pro	1
19	NO-1-0016	2022-10-28	SXJ1002	JVC数码摄像机	GY-HM170EC	1
20	NO-1-0017	2022-10-30	SJ1001	华为手机	P50	10

图 4-45 "第一仓库出库"效果图

	A	B	C	D	E	F
1			科源有限公司第二仓库出库明细表			
2		统计日期	2022年10月		仓库主管	周谦
3	编号	日期	商品编码	商品名称	规格型号	数量
4	NO-2-0001	2022-10-1	XJ1001	尼康相机	Z 50	6
5	NO-2-0002	2022-10-5	J1003	华为笔记本电脑MateBook 14s	MateBook 14s 14.2英寸	9
6	NO-2-0003	2022-10-8	SJ1001	华为手机	P50	12
7	NO-2-0004	2022-10-9	SJ1002	小米手机	11 Pro	16
8	NO-2-0005	2022-10-10	XJ1001	尼康相机	Z 50	15
9	NO-2-0006	2022-10-10	XJ1002	佳能相机	EOS 90D	8
10	NO-2-0007	2022-10-10	YY1001	西部数据移动硬盘	WDBEPK0020BBK 2TB	20
11	NO-2-0008	2022-10-12	J1004	华为笔记本电脑MateBook D 15	D 15 15.6英寸	5
12	NO-2-0009	2022-10-12	J1006	宏碁（Acer）非凡S3	S3 15.6英寸	2
13	NO-2-0010	2022-10-15	YY1002	希捷移动硬盘	STJL2000400 2TB	13
14	NO-2-0011	2022-10-16	SJ1003	OPPO手机	OPPO Reno7	8
15	NO-2-0012	2022-10-18	J1005	华硕灵耀Pro16	16英寸	7
16	NO-2-0013	2022-10-21	SXJ1001	索尼数码摄像机	FDR-AX60	5
17	NO-2-0014	2022-10-25	SXJ1002	JVC数码摄像机	GY-HM170EC	3
18	NO-2-0015	2022-10-29	J1002	联想笔记本电脑ThinkPad X1	ThinkPad X1 14英寸	8

图 4-46 "第二仓库出库"效果图

	A	B
1	商品编码	数量
2	J1006	5
3	YY1002	32
4	J1001	26
5	J1004	32
6	SJ1003	27
7	J1003	25
8	SJ1002	17
9	SXJ1001	11
10	SJ1001	14
11	XJ1001	20
12	J1005	8
13	J1007	18
14	XJ1002	8
15	YY1001	23
16	J1002	8
17	SXJ1002	15

图 4-47 "入库汇总表"效果图

	A	B
1	商品编码	数量
2	XJ1001	26
3	J1007	9
4	J1003	11
5	SJ1001	22
6	SJ1002	17
7	XJ1002	16
8	YY1001	30
9	J1004	15
10	J1006	8
11	J1001	6
12	YY1002	31
13	SJ1003	16
14	J1005	15
15	SXJ1001	8
16	SXJ1002	4
17	J1002	13

图 4-48 "出库汇总表"效果图

4.14.3 知识与技能

- 新建工作簿、重命名工作表
- 在工作簿之间复制工作表
- 自定义数据格式
- 设置数据验证
- VLOOKUP 函数的应用
- 合并计算

4.14.4 解决方案

任务 1 新建并保存工作簿

（1）启动 Excel 2016，新建一个空白工作簿。

（2）将新建的工作簿重命名为"商品库存管理表"，并将其保存在"D:\公司文档\物流部"文件夹中。

任务 2 复制"商品基础资料"工作表

（1）打开"D:\公司文档\物流部"文件夹中的"商品采购管理表"工作簿。

（2）选中"商品基础资料"工作表。

（3）单击"开始"→"单元格"→"格式"按钮，打开图 4-49 所示的"格式"下拉菜单，在"组织工作表"下选择"移动或复制工作表"命令，打开图 4-50 所示的"移动或复制工作表"对话框。

图 4-49 "格式"下拉菜单

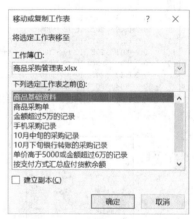

图 4-50 "移动或复制工作表"对话框

（4）在"工作簿"下拉列表中选择"商品库存管理表"，在"下列选定工作表之前"中选择"Sheet1"工作表，再勾选"建立副本"复选框，如图 4-51 所示。

（5）单击"确定"按钮，将选定的工作表"商品基础资料"复制到"商品库存管理表"工作簿中。

（6）关闭"商品采购管理表"工作簿。

任务 3 创建"第一仓库入库"工作表

（1）将"Sheet1"工作表重命名为"第一仓库入库"。

（2）在"第一仓库入库"工作表中创建框架，如图 4-52 所示。

图 4-51　在工作簿之间复制工作表

图 4-52　"第一仓库入库"的框架

（3）输入"编号"。

① 选中编号所在列，即 A 列，单击"开始"→"单元格"→"格式"按钮，打开"格式"下拉菜单，选择"设置单元格格式"命令，打开"设置单元格格式"对话框。

② 切换到"数字"选项卡，在左侧的"分类"列表中选择"自定义"，在右侧的"类型"文本框中输入自定义格式，如图 4-53 所示，单击"确定"按钮。

图 4-53　自定义"编号"格式

活力小贴士　这里自定义的格式是由双引号引起来的字符及后面的数字组成的一个字符串。双引号引起来的字符将会原样显示，并连接后面由 4 位数字组成的数字串。数字部分用了 4 个"0"表示，如果输入的数字不足 4 位，则在数字左侧用"0"占位。

③ 选中 A4 单元格，输入"1"，按"Enter"键后，单元格中显示的是"NO-1-0001"，如图 4-54 所示。

图 4-54　输入"1"后的编号显示形式

④ 使用填充柄自动填充其余的编号。这里，可以先选中 A4 作为起始单元格，然后按住"Ctrl"键，将鼠标指针移到单元格的右下角会出现"+"号，这时按住鼠标左键往下拖曳，将填充柄拖曳至 A19 单元格，可实现以 1 为步长值的向下自动递增填充。

（4）参照图 4-55 输入"日期"和"商品编码"的数据。

（5）导入"商品名称"的数据。

① 选中 D4 单元格。

② 单击"公式"→"函数库"→"插入函数"按钮，打开图 4-56 所示的"插入函数"对话框。

图 4-55　输入"日期"和"商品编码"数据

图 4-56　"插入函数"对话框

③ 在"插入函数"对话框的"选择函数"列表中选择"VLOOKUP"，单击"确定"按钮，然后在弹出的"函数参数"对话框中设置图 4-57 所示的参数。

图 4-57　导入"商品名称"的 VLOOKUP 函数参数

④ 单击"确定"按钮，得到相应的"商品名称"的数据。

⑤ 选中 D4 单元格，拖曳填充柄至 D19 单元格，将公式复制到 D5:D19 单元格区域中，可得到所有的"商品名称"的数据。

（6）用同样的方式，参照图 4-58 设置参数，导入"规格"的数据。

图 4-58　导入"规格"的 VLOOKUP 函数参数

（7）输入入库"数量"的数据。

为保证输入的数据均为正整数、不会出现其他类型的数据，需要对这列数据进行数据验证设置。

① 选中 F4:F19 单元格区域，单击"数据"→"数据工具"→"数据验证"下拉按钮，从下拉菜单中选择"数据验证"命令，打开"数据验证"对话框。

② 在"设置"选项卡中，设置该列中的数据所允许的数值，如图 4-59 所示。

③ 在"输入信息"选项卡中，设置在工作表中进行输入，选中该列单元格时显示的提示信息，如图 4-60 所示。

④ 在"出错警告"选项卡中，设置在工作表中进行输入，而在该列中任意单元格输入错误数据时弹出的对话框中的提示信息，如图 4-61 所示。

微课 4-6　对入库
"数量"进行数据验证

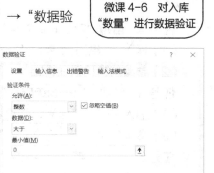

图 4-59　设置数据验证条件

图 4-60　设置数据输入时显示的提示信息

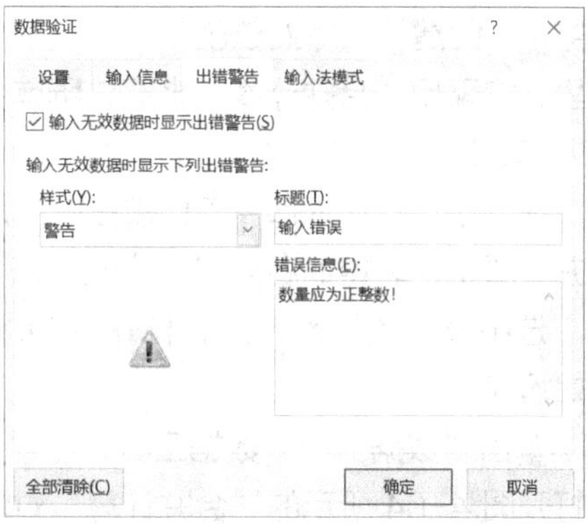

图 4-61　设置数据输入错误时显示的提示信息

（8）设置完成后，参照图 4-43，在工作表中进行"数量"列数据的输入，完成"第一仓库入库"工作表的创建。

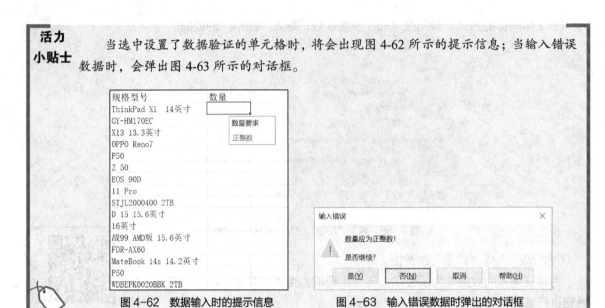

当选中设置了数据验证的单元格时，将会出现图 4-62 所示的提示信息；当输入错误数据时，会弹出图 4-63 所示的对话框。

图 4-62　数据输入时的提示信息　　　　图 4-63　输入错误数据时弹出的对话框

任务 4　创建"第二仓库入库"工作表

（1）插入一张新工作表，并将其重命名为"第二仓库入库"。

（2）参照创建"第一仓库入库"工作表的方法创建图 4-44 所示的"第二仓库入库"工作表。

任务 5　创建"第一仓库出库"工作表

（1）插入一张新工作表，并将其重命名为"第一仓库出库"。

（2）参照创建"第一仓库入库"工作表的方法创建图 4-45 所示的"第一仓库出库"工作表。

任务 6　创建"第二仓库出库"工作表

（1）在"第一仓库出库"工作表右侧插入一张新工作表，并将新工作表重命名为"第二仓库出库"。

（2）参照创建"第一仓库入库"工作表的方法创建图 4-46 所示的"第二仓库出库"工作表。

任务 7　创建"入库汇总表"

这里，将采用"合并计算"来汇总所有仓库中各种产品的入库数据。

（1）在"第二仓库入库"工作表右侧插入一张新工作表，并将新工作表重命名为"入库汇总表"。

（2）选中 A1 单元格，合并计算的结果将从这个单元格开始填充。

（3）单击"数据"→"数据工具"→"合并计算"按钮，打开图 4-64 所示的"合并计算"对话框。

（4）在"函数"下拉列表中选择"求和"。

（5）添加第 1 个"引用位置"的区域。

① 单击"合并计算"对话框中"引用位置"右边

微课 4-7 创建"入库汇总表"

图 4-64　"合并计算"对话框

的"折叠"按钮↥，切换到"第一仓库入库"工作表中，选中 C3:F19 单元格区域，如图 4-65
所示。

图4-65　选择第1个"引用位置"的区域

② 单击"返回"按钮▦，返回到"合并计算"对话框，得到第 1 个"引用位置"。

③ 再单击"添加"按钮，将第 1 个选定的区域添加到下方"所有引用位置"中，如图 4-66
所示。

（6）添加第 2 个"引用位置"的区域。按照上面的方法，选择"第二仓库入库"工作表中的
C3:F21 单元格区域，并将其添加到"所有引用位置"中，如图 4-67 所示。

图 4-66　添加第 1 个"引用位置"的区域

图 4-67　添加第 2 个"引用位置"的区域

**活力
小贴士**　　　如果要合并的数据是另一个工作簿中的数据，则需要先使用"浏览"按钮[浏览(B)...]打
开该工作簿再进行区域的选择。

（7）勾选"标签位置"中的"首行"和"最左列"复选框，单击"确定"按钮，完成合并计算，得到图 4-68 所示的效果。

	A	B	C	D
1		商品名称	规格型号	数量
2	J1006			5
3	YY1002			32
4	J1001			26
5	J1004			32
6	SJ1003			27
7	J1003			25
8	SJ1002			17
9	SXJ1001			11
10	SJ1001			14
11	XJ1001			20
12	J1005			8
13	J1007			18
14	XJ1002			8
15	YY1001			23
16	J1002			13
17	SXJ1002			15

图 4-68　合并计算后的入库汇总数据

（8）调整表格。将合并后不需要的"商品名称"和"规格型号"列删除，在 A1 单元格中添加标题"商品编码"，再适当调整列宽，得到的最终效果如图 4-47 所示。

> **活力小贴士**　由于在进行合并计算前并未创建合并数据的标题行和标题列，所以这里需要勾选"首行"和"最左列"，让合并结果以所引用位置的数据首行和最左列作为汇总的数据标题行和标题列。相反，如果事先创建了合并结果的标题行和标题列，则不需要勾选该复选框。

任务 8　创建"出库汇总表"

（1）采用创建"入库汇总表"的方法，在"第二仓库出库"工作表右侧插入一张新工作表。

（2）将新工作表重命名为"出库汇总表"，汇总出所有仓库中各种产品的出库数据。参照"入库汇总表"调整表格，删除"商品名称"和"规格型号"列，并添加标题"商品编码"。

4.14.5　项目小结

本项目通过制作"商品库存管理表"，主要介绍了工作簿的创建、工作表的重命名、在工作簿之间复制工作表、自定义数据格式、自动填充、设置数据验证、使用 VLOOKUP 函数导入数据等操作。在此基础上，本项目介绍了使用"合并计算"对多个仓库的出、入库数据进行汇总统计的操作方法。

4.14.6　拓展项目

1. 制作商品出、入库数量比较图
商品出、入库数量比较图如图 4-69 所示。

2. 制作公司出货明细单
公司出货明细单如图 4-70 所示。

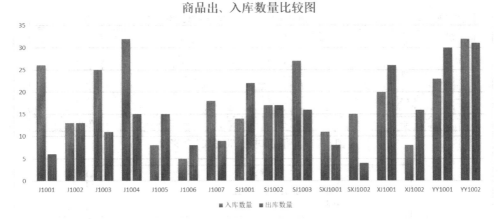

图 4-69　商品出、入库数量比较图

商品出货明细单										
				2022	年		10	月	20	日
委托出货号	出货地点	商品代码	个数	件数	商品内容			交货地点	保险	备注
					大分类	中分类	小分类			
MY07020001	1号仓库	XSQ-1	8	8				电子城	￥10	
MY07020002	1号仓库	XSQ-1	2	2				电子城	￥10	
MY07020003	4号仓库	XSQ-2	2	2				电子城	￥10	
MY07020004	2号仓库	XSQ-2	3	3				数码广场	￥10	
MY07020005	1号仓库	XSQ-3	10	10				数码广场	￥10	
MY07020006	3号仓库	mky235	10	5				1号商铺	￥10	

图 4-70　商品出货明细单

项目 15　商品进销存管理

示例文件	原始文件：示例文件\素材文件\项目 15\商品进销存汇总表.xlsx
	效果文件：示例文件\效果文件\项目 15\商品进销存汇总表.xlsx

4.15.1　项目背景

在一个经营性企业中，物流部的基本业务流程就是商品的进销存管理过程，商品的进货、销售和库存管理的各个环节会直接影响到企业的发展。

对企业的进销存实行信息化管理，不仅可以实现数据之间的共享、保证数据的正确性，还可以实现对数据的全面汇总和分析，促进企业的快速发展。本项目通过制作"商品进销存汇总表"来介绍 Excel 2016 在商品进销存管理方面的应用。

4.15.2　项目效果

图 4-71 所示为"商品进销存汇总表"效果图，图 4-72 所示为"期末库存量分析图"。

商品编码	商品名称	规格型号	单位	期初库存量	期初库存额	本月入库量	本月入库额	本月销售量	本月销售额	期末库存量	期末库存额
商品进销存汇总表											
J1001	联想ThinkPad X13 酷睿版	X13 13.3英寸	台	0	-	26	138,008	6	34,794	20	106,160
J1002	联想笔记本电脑ThinkPad X1	ThinkPad X1 14英寸	台	4	31,400	13	102,050	13	107,380	4	31,400
J1003	华为笔记本电脑MateBook 14s	MateBook 14s 14.2英寸	台	0	-	25	193,750	11	91,850	14	108,500
J1004	华为笔记本电脑MateBook D 15	D 15 15.6英寸	台	0	-	32	189,760	15	94,500	17	100,810
J1005	华硕灵耀Pro16	16英寸	台	7	46,340	8	52,960	15	104,985	0	-
J1006	宏碁（Acer）非凡S3	S3 15.6英寸	台	4	12,432	5	15,540	8	27,992	1	3,108
J1007	惠普（HP）战99 AMD版	战99 AMD版 15.6英寸	台	6	43,308	18	129,924	9	68,391	15	108,270
YY1001	西部数据移动硬盘	WDBEPK0020BBK 2TB	个	12	4,776	23	9,154	30	13,170	5	1,990
YY1002	希捷移动硬盘	STJL2000400 2TB	个	5	1,925	32	12,320	31	13,299	6	2,310
XJ1001	尼康相机	Z 50	部	5	56,700	20	162,000	26	223,600	1	8,100
XJ1002	佳能相机	EOS 90D	部	8	76,960	8	76,960	16	159,984	0	-
SXJ1001	索尼数码摄像机	FDR-AX60	台	1	9,170	11	100,870	8	76,800	4	36,680
SXJ1002	JVC数码摄像机	GY-HM170EC	台	2	15,600	15	117,000	4	32,472	13	101,400
SJ1001	华为手机	P50	部	9	42,120	14	65,520	22	109,736	1	4,680
SJ1002	小米手机	11 Pro	部	3	11,640	17	65,960	17	73,083	3	11,640
SJ1003	OPPO手机	OPPO Reno7	部	4	4,820	27	65,070	16	43,184	13	31,330

图 4-71　"商品进销存汇总表"效果图

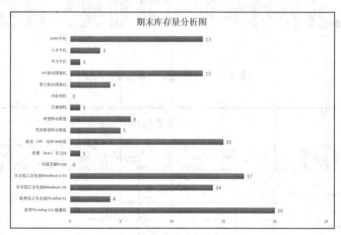

图 4-72　期末库存量分析图

4.15.3　知识与技能

- 新建工作簿、重命名工作表
- 在工作簿之间复制工作表
- VLOOKUP 函数的应用
- 使用公式进行计算
- 设置数据格式
- 条件格式的应用
- 图表的运用

4.15.4　解决方案

任务 1　创建工作簿

（1）启动 Excel 2016，新建一个空白工作簿。

（2）将新建的工作簿重命名为"商品进销存管理表"，并将其保存在"D:\公司文档\物流部"文件夹中。

任务 2　复制工作表

（1）打开"商品库存管理表"工作簿。

（2）按住"Ctrl"键，分别选中"商品基础资料""入库汇总表""出库汇总表"工作表。

（3）单击"开始"→"单元格"→"格式"按钮，打开"格式"下拉菜单，在"组织工作表"下选择"移动或复制工作表"命令，打开图4-73所示的"移动或复制工作表"对话框。

（4）在"工作簿"下拉列表中选择"商品进销存管理表"，在"下列选定工作表之前"中选择"Sheet1"工作表，再勾选"建立副本"复选框，如图4-74所示。

图 4-73 "移动或复制工作表"对话框

图 4-74 在工作簿之间复制工作表

（5）单击"确定"按钮，将选定的工作表"商品基础资料""入库汇总表""出库汇总表"复制到"商品进销存管理表"工作簿中。

任务 3 编辑"商品基础资料"工作表

（1）选中"商品基础资料"工作表。

（2）参照图4-75在"商品基础资料"工作表中添加"进货价"和"销售价"数据。

	A	B	C	D	E	F
1	商品编码	商品名称	规格型号	单位	进货价	销售价
2	J1001	联想ThinkPad X13 酷睿版	X13 13.3英寸	台	5308	5799
3	J1002	联想笔记本电脑ThinkPad X1	ThinkPad X1 14英寸	台	7850	8260
4	J1003	华为笔记本电脑MateBook 14s	MateBook 14s 14.2英寸	台	7750	8350
5	J1004	华为笔记本电脑MateBook D 15	D 15 15.6英寸	台	5930	6300
6	J1005	华硕灵耀Pro16	16英寸	台	6620	6999
7	J1006	宏碁（Acer）非凡S3	S3 15.6英寸	台	3108	3499
8	J1007	惠普（HP）战99 AMD版	战99 AMD版 15.6英寸	台	7218	7599
9	YY1001	西部数据移动硬盘	WDBEPKO020BBK 2TB	个	398	439
10	YY1002	希捷移动硬盘	STJL2000400 2TB	个	385	429
11	XJ1001	尼康相机	Z 50	部	8100	8600
12	XJ1002	佳能相机	EOS 90D	部	9620	9999
13	SXJ1001	索尼数码摄像机	FDR-AX60	台	9170	9600
14	SXJ1002	JVC数码摄像机	GY-HM170EC	台	7800	8118
15	SJ1001	华为手机	P50	部	4680	4988
16	SJ1002	小米手机	11 Pro	部	3880	4299
17	SJ1003	OPPO手机	OPPO Reno7	部	2410	2699

图 4-75 添加"进货价"和"销售价"数据

任务 4 创建"商品进销存汇总表"工作表

（1）将"Sheet1"工作表重命名为"商品进销存汇总表"。

（2）建立图4-76所示的"商品进销存汇总表"的框架。

	A	B	C	D	E	F	G	H	I	J	K	L
1	商品进销存汇总表											
2	商品编码	商品名称	规格型号	单位	期初库存量	期初库存额	本月入库量	本月入库额	本月销售量	本月销售额	期末库存量	期末库存额
3												
4												

图 4-76 "商品进销存汇总表"的框架

（3）从"商品基础资料"工作表中复制"商品编码""商品名称""规格型号""单位"数据。

① 选中"商品基础资料"工作表中的 A2:D17 单元格区域，单击"开始"→"剪贴板"→"复制"按钮。

② 切换到"商品进销存汇总表"工作表，选中 A3 单元格，按"Ctrl+V"组合键，将选定的单元格区域的数据粘贴过来。

③ 适当调整表格的列宽。

（4）参照图 4-77 输入"期初库存量"数据。

	A	B	C	D	E
1	商品进销存汇总表				
2	商品编码	商品名称	规格型号	单位	期初库存量
3	J1001	联想ThinkPad X13 酷睿版	X13 13.3英寸	台	0
4	J1002	联想笔记本电脑ThinkPad X1	ThinkPad X1 14英寸	台	4
5	J1003	华为笔记本电脑MateBook 14s	MateBook 14s 14.2英寸	台	0
6	J1004	华为笔记本电脑MateBook D 15	D 15 15.6英寸	台	0
7	J1005	华硕灵耀Pro16	16英寸	台	7
8	J1006	宏碁（Acer）非凡S3	S3 15.6英寸	台	4
9	J1007	惠普（HP）战99 AMD版	战99 AMD版 15.6英寸	台	6
10	YY1001	西部数据移动硬盘	WDBEPK0020BBK 2TB	个	12
11	YY1002	希捷移动硬盘	STJL2000400 2TB	个	5
12	XJ1001	尼康相机	Z 50	部	7
13	XJ1002	佳能相机	EOS 90D	部	8
14	SXJ1001	索尼数码摄像机	FDR-AX60	台	1
15	SXJ1002	JVC数码摄像机	GY-HM170EC	台	2
16	SJ1001	华为手机	P50	部	9
17	SJ1002	小米手机	11 Pro	部	3
18	SJ1003	OPPO手机	OPPO Reno7	部	2

图 4-77　输入"期初库存量"数据

任务 5　输入和计算"商品进销存汇总表"中的数据

（1）计算"期初库存额"。计算公式为"期初库存额 = 期初库存量×进货价"。

① 选中 F3 单元格。

② 输入公式" = E3*商品基础资料!E2"。

③ 按"Enter"键确认，计算出相应的期初库存额。

④ 选中 F3 单元格，拖曳填充柄至 F18 单元格，将公式复制到 F4:F18 单元格区域中，可得到所有产品的期初库存额。

活力小贴士　　这里，F3 单元格代表的是商品编码为"J1001"的商品的期初库存额，之所以直接使用公式"=E3*商品基础资料!E2"，是因为"商品进销存汇总表"工作表中"商品编码""商品名称"等数据是从"商品基础资料"工作表中复制过来的，两个工作表的商品编码等信息是一一对应的。假设两个工作表中的商品编码等数据的顺序不一致，此时引用"进货价"的数据时，需要使用 VLOOKUP 函数去"商品基础资料"工作表中精确查找商品编码为"J1001"的商品的进货价，公式为"=E3*VLOOKUP(A3,商品基础资料!$A$2:$F$17,5,0)"。

　　引用"进货价"和"销售价"的方法是相同的。

（2）导入"本月入库量"的数据。这里的"本月入库量"引用了"入库汇总表"中的"数量"列的数据。

① 选中 G3 单元格。

② 插入 VLOOKUP 函数，设置图 4-78 所示的函数参数。

图 4-78 导入"本月入库量"的 VLOOKUP 函数参数

**活力
小贴士**

VLOOKUP 函数参数设置如下。

① Lookup_value 为 "A3"。

② Table_array 为 "入库汇总表!$A$2:$B$17"，即这里的"本月入库量"引用了"入库汇总表"工作表中 "$A$2:$B$17" 单元格区域的"数量"列的数据。

③ Col_index_num 为 "2"，即引用的数据区域中"数量"列的数据所在的列序号。

④ Range_lookup 为 "0"，即 VLOOKUP 函数将返回精确匹配值。

③ 单击"确定"按钮，导入相应的本月入库量。

④ 选中 G3 单元格，拖曳填充柄至 G18 单元格，将公式复制到 G4:G18 单元格区域中，可得到所有商品的本月入库量。

（3）计算"本月入库额"。计算公式为"本月入库额 = 本月入库量×进货价"。

① 选中 H3 单元格。

② 输入公式 " = G3*商品基础资料!E2"。

③ 按"Enter"键确认，计算出相应的本月入库额。

④ 选中 H3 单元格，拖曳填充柄至 H18 单元格，将公式复制到 H4:H18 单元格区域中，可得到所有商品的本月入库额。

（4）导入"本月销售量"。这里的"本月销售量"引用了"出库汇总表"中的"数量"列的数据。

① 选中 I3 单元格。

② 插入 "VLOOKUP" 函数，设置图 4-79 所示的函数参数。

③ 单击"确定"按钮，导入相应的本月销售量。

④ 选中 I3 单元格，拖曳填充柄至 I18 单元格，将公式复制到 I4:I18 单元格区域中，可得到所有商品的本月销售量。

（5）计算"本月销售额"。计算公式为"本月销售额 = 本月销售量×销售价"。

① 选中 J3 单元格。

图 4-79　导入"本月销售量"的 VLOOKUP 函数参数

② 输入公式"＝I3*商品基础资料!F2"。

③ 按"Enter"键确认，计算出相应的本月销售额。

④ 选中 J3 单元格，拖曳填充柄至 J18 单元格，将公式复制到 J4:J18 单元格区域中，可得到所有商品的本月销售额。

（6）计算"期末库存量"。计算公式为"期末库存量＝期初库存量+本月入库量-本月销售量"。

① 选中 K3 单元格。

② 输入公式"＝E3+G3-I3"。

③ 按"Enter"键确认，计算出相应的期末库存量。

④ 选中 K3 单元格，拖曳填充柄至 K18 单元格，将公式复制到 K4:K18 单元格区域中，可得到所有商品的期末库存量。

（7）计算"期末库存额"。计算公式为"期末库存额＝期末库存量×进货价"。

① 选中 L3 单元格。

② 输入公式"＝K3*商品基础资料!E2"。

③ 按"Enter"键确认，计算出相应的期末库存额。

④ 选中 L3 单元格，拖曳填充柄至 L18 单元格，将公式复制到 L4:L18 单元格区域中，可得到所有商品的期末库存额。

编辑后的"商品进销存汇总表"的数据如图 4-80 所示。

	A	B	C	D	E	F	G	H	I	J	K	L
1	商品进销存汇总表											
2	商品编码	商品名称	规格型号	单位	期初库存量	期初库存额	本月入库量	本月入库额	本月销售量	本月销售额	期末库存量	期末库存额
3	J1001	联想ThinkPad X13 酷睿版	X13 13.3英寸	台	0	0	26	138008	6	34794	20	106160
4	J1002	联想笔记本电脑ThinkPad X1	ThinkPad X1 14英寸	台	4	31400	13	102050	13	107380	4	31400
5	J1003	华为笔记本电脑MateBook 14s	MateBook 14s 14.2英寸	台	0	0	25	193750	11	91850	14	108500
6	J1004	华为笔记本电脑MateBook D 15	D 15 15.6英寸	台	0	0	32	189760	15	94500	17	100810
7	J1005	华硕灵耀Pro16	16英寸	台	7	46340	8	52960	15	104985	0	0
8	J1006	宏碁（Acer）非凡S3	S3 15.6英寸	台	4	12432	5	15540	8	27992	1	3108
9	J1007	惠普（HP）战99 AMD版	战99 AMD版 15.6英寸	台	6	43308	18	129924	9	68391	15	108270
10	YY1001	西部数据移动硬盘	WDBEPK0020BBK 2TB	个	12	4776	23	9154	30	13170	5	1990
11	YY1002	希捷移动硬盘	STJL2000400 2TB	个	5	1925	32	12320	31	13299	6	2310
12	XJ1001	尼康相机	Z 50	部	7	56700	20	162000	26	223600	1	8100
13	XJ1002	佳能相机	EOS 90D	部	8	76960	8	76960	16	159984	0	0
14	SXJ1001	索尼数码摄像机	FDR-AX60	台	1	9170	11	100870	8	76800	4	36680
15	SXJ1002	JVC数码摄像机	GY-HM170EC	台	2	15600	15	117000	4	32472	13	101400
16	SJ1001	华为手机	P50	部	9	42120	14	65520	22	109736	1	4680
17	SJ1002	小米手机	11 Pro	部	3	11640	17	65960	17	73083	3	11640
18	SJ1003	OPPO手机	OPPO Reno7	部	2	4820	27	65070	16	43184	13	31330

图 4-80　编辑后的"商品进销存汇总表"的数据

任务 6　设置"商品进销存汇总表"的格式

（1）设置表格标题的格式。将表格标题"合并后居中"，设置标题的格式为"微软雅黑、18 磅"，设置行高为"30"。

（2）将各列标题的格式设置为"宋体、加粗、居中"，并将字体颜色设置为"白色，背景 1"，添加"绿色，个性色 6，深色 25%"的底纹。

（3）为 A2:L18 单元格区域先添加"所有框线"，再添加"粗外侧框线"样式的边框。

（4）将"单位""期初库存量""本月入库量""本月销售量""期末库存量"列的数据的对齐方式设置为"居中"。

（5）将"期初库存额""本月入库额""本月销售额""期末库存额"的数据格式设置为"会计专用"格式，且无"货币符号"、小数位数为"0"。

（6）适当调整各列的列宽。

格式化后的表格如图 4-81 所示。

	A	B	C	D	E	F	G	H	I	J	K	L
1			商品进销存汇总表									
2	商品编码	商品名称	规格型号	单位	期初库存量	期初库存额	本月入库量	本月入库额	本月销售量	本月销售额	期末库存量	期末库存额
3	J1001	联想ThinkPad X13 酷睿版	X13 13.3英寸	台	0	-	26	138,008	6	34,794	20	106,160
4	J1002	联想笔记本电脑ThinkPad X1	ThinkPad X1 14英寸	台	4	31,400	13	102,050	13	107,380	4	31,400
5	J1003	华为笔记本电脑MateBook 14s	MateBook 14s 14.2英寸	台	0	-	25	193,750	11	91,850	14	108,500
6	J1004	华为笔记本电脑MateBook D 15	D 15 15.6英寸	台	0	-	32	189,760	15	94,500	17	100,810
7	J1005	华硕灵耀Pro16	16英寸	台	7	46,340	8	52,960	15	104,985	0	-
8	J1006	宏碁（Acer）非凡S3	S3 15.6英寸	台	4	12,432	5	15,540	8	27,992	1	3,108
9	J1007	惠普（HP）战99 AMD版	战99 AMD版 15.6英寸	台	6	43,308	18	129,924	9	68,391	15	108,270
10	YY1001	西部数据移动硬盘	WDBEPK0020BBK 2TB	个	12	4,776	23	9,154	30	13,170	5	1,990
11	YY1002	希捷移动硬盘	STJL2000400 2TB	个	5	1,925	32	12,320	31	13,299	6	2,310
12	XJ1001	尼康相机	Z 50	部	7	56,700	20	162,000	26	223,600	1	8,100
13	XJ1002	佳能相机	EOS 90D	部	8	76,960	8	76,960	16	159,984	0	-
14	SXJ1001	索尼数码摄像机	FDR-AX60	台	1	9,170	11	100,870	8	76,800	4	36,680
15	SXJ1002	JVC数码摄像机	GY-HM170EC	台	2	15,600	15	117,000	4	32,472	13	101,400
16	SJ1001	华为手机	P50	部	9	42,120	14	65,520	22	109,736	1	4,680
17	SJ1002	小米手机	11 Pro	部	3	11,640	17	65,960	17	73,083	3	11,640
18	SJ1003	OPPO手机	OPPO Reno7	部	2	4,820	27	65,070	16	43,184	13	31,330

图 4-81　格式化后的"商品进销存汇总表"

任务 7　突出显示"期末库存量"和"期末库存额"

为了更方便地了解库存信息，可以为相应的期末库存量和期末库存额设置条件格式，根据不同期末库存量和期末库存额的等级设置不同的标识，如使用三色交通灯图标集标记期末库存量，使用浅蓝色渐变数据条标记期末库存额。

微课 4-8　突出显示"期末库存量"和"期末库存额"

（1）设置期末库存量的条件格式。

① 选中 K3:K18 单元格区域。

② 单击"开始"→"样式"→"条件格式"按钮，打开"条件格式"下拉菜单。

③ 选择图 4-82 所示的"图标集"→"形状"→"三色交通灯（无边框）"命令。

（2）设置期末库存额的条件格式。

① 选中 L3:L18 单元格区域。

② 单击"开始"→"样式"→"条件格式"按钮，打开"条件格式"下拉菜单。

③ 选择图 4-83 所示的"数据条"→"渐变填充"→"浅蓝色数据条"命令。

完成条件格式设置后的"商品进销存汇总表"的效果如图 4-84 所示。

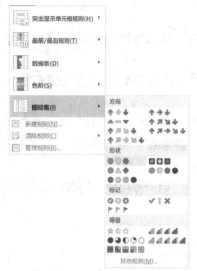

图 4-82 "图标集"子菜单

图 4-83 "数据条"子菜单

商品编码	商品名称	规格型号	单位	期初库存量	期初库存额	本月入库量	本月入库额	本月销售量	本月销售额	期末库存量	期末库存额
							商品进销存汇总表				
J1001	联想ThinkPad X13 酷睿版	X13 13.3英寸	台	0	-	26	138,008	6	34,794	20	106,160
J1002	联想笔记本电脑ThinkPad X1	ThinkPad X1 14英寸	台	4	31,400	13	102,050	13	107,380	4	31,400
J1003	华为笔记本电脑MateBook 14s	MateBook 14s 14.2英寸	台	0	-	25	193,750	11	91,850	14	108,500
J1004	华为笔记本电脑MateBook D 15	D 15 15.6英寸	台	0	-	32	189,760	15	94,500	17	100,810
J1005	华硕灵耀Pro16	16英寸	台	7	46,340	8	52,960	15	104,985	0	-
J1006	宏基（Acer）非凡S3	S3 15.6英寸	台	4	12,432	5	15,540	8	27,992	1	3,108
J1007	惠普（HP）战99 AMD版	战99 AMD版 15.6英寸	台	6	43,308	18	129,924	9	68,391	15	108,270
YY1001	西部数据移动硬盘	WDBEPK0020BBK 2TB	个	12	4,776	23	9,154	30	13,170	5	1,990
YY1002	希捷移动硬盘	STJL2000400 2TB	个	5	1,925	32	12,320	31	13,299	6	2,310
XJ1001	尼康相机	Z 50	部	7	56,700	20	162,000	26	223,600	1	8,100
XJ1002	佳能相机	EOS 90D	部	8	76,960	8	76,960	16	159,984	0	-
SXJ1001	索尼数码摄像机	FDR-AX60	台	1	9,170	11	100,870	8	76,800	4	36,680
SXJ1002	JVC数码摄像机	GY-HM170EC	台	15	15,600	15	117,000	4	32,472	13	101,400
SJ1001	华为手机	P50	部	9	42,120	14	65,520	22	109,736	1	4,680
SJ1002	小米手机	11 Pro	部	3	11,640	17	65,960	17	73,083	3	11,640
SJ1003	OPPO手机	OPPO Reno7	部	2	4,820	27	65,070	16	43,184	13	31,330

图 4-84 完成条件格式设置后的"商品进销存汇总表"的效果

活力小贴士　　设置完条件格式后，选中应用了条件格式的数据区域，可选择"条件格式"下拉菜单中的"管理规则"命令，打开"条件格式规则管理器"对话框，查看和管理设置的规则，图 4-85 所示为"期末库存量"和"期末库存额"的条件格式规则。

图 4-85 "条件格式规则管理器"对话框

（3）修改"期末库存量"的条件格式。

在图 4-83 中，添加的三色交通灯图标的颜色是由系统按数据范围自动分配的，可以自行定义不同数据范围的颜色，如期末库存量大于 10 为红色，5~10 为黄色，小于 5 为绿色。

① 选中 K3:K18 单元格区域。

② 单击"开始"→"样式"→"条件格式"按钮，打开"条件格式"下拉菜单。

③ 从"条件格式"下拉菜单中选择"管理规则"命令，打开图 4-86 所示的期末库存量的"条件格式规则管理器"对话框。

图 4-86　期末库存量的"条件格式规则管理"对话框

④ 单击"编辑规则"按钮，打开图 4-87 所示的"编辑格式规则"对话框。

⑤ 按图 4-88 所示设置图标颜色、值和类型，即期末库存量大于 10 为红色、5~10 为黄色、小于 5 为绿色。

⑥ 单击"确定"按钮，返回"条件格式规则管理器"对话框，再单击"确定"按钮，完成对条件格式规则的修改。

图 4-87　"编辑格式规则"对话框

图 4-88　编辑图标颜色和值

> **活力小贴士**　由图 4-87 可以看出，默认情况下，系统是按百分比类型进行三色交通灯图标颜色分配的，如大于等于 67% 为绿色、大于等于 33% 且小于 67% 为黄色、小于 33% 为红色。修改类型时可以单击"类型"列表框，从下拉列表中重新选择类型。

任务 8 制作"期末库存量分析图"

（1）按住"Ctrl"键，同时选中"商品进销存汇总表"中的 B2:B18 和 K2:K18 单元格区域。

（2）单击"插入"→"图表"→"插入柱形图或条形图"按钮，打开"插入柱形图或条形图"下拉菜单，选择"二维条形图"中的"簇状条形图"，生成图 4-89 所示的图表。

（3）添加数据标志。选中图表，单击"图表工具"→"设计"→"图表布局"→"添加图表元素"按钮，打开"添加图表元素"下拉菜单，选择图 4-90 所示的"数据标签"级联菜单中的"数据标签外"，添加数据标签后的图表如图 4-91 所示。

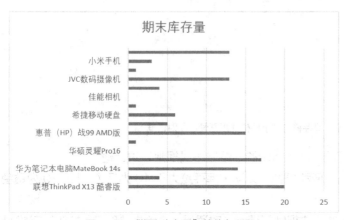

图 4-89 "期末库存量"簇状条形图

图 4-90 "数据标签"级联菜单

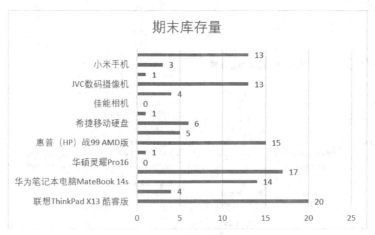

图 4-91 添加数据标签后的图表

（4）修改图表标题为"期末库存量分析图"，并为图表应用"样式 5"图表样式，适当调整图表宽度。

（5）移动图表位置。

① 选中图表。

② 单击"图表工具"→"设计"→"位置"→"移动图表"按钮，打开"移动图表"对话框。

③ 选中"新工作表"单选按钮，在右侧的文本框中将默认的"Chart1"工作表名称修改为"期末库存量分析图"，如图 4-92 所示。

图 4-92　"移动图表"对话框

④ 单击"确定"按钮，将图表移动到新工作表"期末库存量分析图"中，将"期末库存量分析图"工作表移至"商品进销存汇总表"工作表右侧，并适当设置图表标题、数据标签和坐标轴的字体格式。

4.15.5　项目小结

本项目通过制作"商品进销存管理表"，主要介绍了工作簿的创建、在工作簿之间复制工作表、工作表的重命名、使用 VLOOKUP 函数导入数据、工作表间数据的引用及公式的使用等。在此基础上，本项目介绍了利用条件格式对表中的数据进行突出显示，并通过制作图表对期末库存量进行分析的操作方法，以帮助物流部工作人员进行后续的入库管理工作。

4.15.6　拓展项目

1. 使用三维饼图制作"笔记本电脑期末库存额占比图"

图 4-93 所示为笔记本电脑期末库存额占比图。

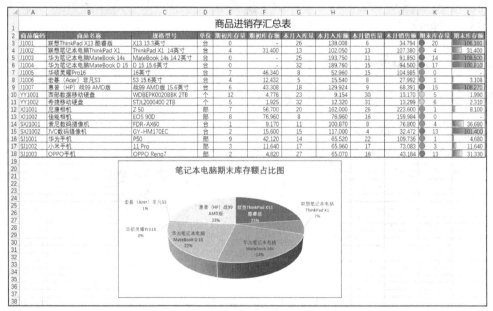

图 4-93　笔记本电脑期末库存额占比图

2. 利用数据透视表制作"商品进销存资金占比表"

图 4-94 所示为商品进销存资金占比表。

	A	B	C	D	E
1			商品进销存资金占比表		
2					
3	商品名称	期初库存额占比	本月入库额占比	本月销售额占比	期末库存额占比
4	JVC数码摄像机	4.37%	7.82%	2.55%	15.45%
5	OPPO手机	1.35%	4.35%	3.39%	4.77%
6	宏碁（Acer）非凡S3	3.48%	1.04%	2.20%	0.47%
7	华硕灵耀Pro16	12.97%	3.54%	8.23%	0.00%
8	华为笔记本电脑MateBook 14s	0.00%	12.94%	7.20%	16.53%
9	华为笔记本电脑MateBook D 15	0.00%	12.68%	7.41%	15.36%
10	华为手机	11.79%	4.38%	8.61%	0.71%
11	惠普（HP）战99 AMD版	12.12%	8.68%	5.36%	16.50%
12	佳能相机	21.55%	5.14%	12.55%	0.00%
13	联想ThinkPad X13 酷睿版	0.00%	9.22%	2.73%	16.17%
14	联想笔记本电脑ThinkPad X1	8.79%	6.82%	8.42%	4.78%
15	尼康相机	15.87%	10.82%	17.53%	1.23%
16	索尼数码摄像机	2.57%	6.74%	6.02%	5.59%
17	西部数据移动硬盘	1.34%	0.61%	1.03%	0.30%
18	希捷移动硬盘	0.24%	0.82%	1.04%	0.35%
19	小米手机	3.26%	4.41%	5.73%	1.77%

图 4-94　商品进销存资金占比表

项目 16　物流成本核算

示例文件	原始文件：示例文件\素材文件\项目 16\物流成本核算表.xlsx
	效果文件：示例文件\效果文件\项目 16\物流成本核算表.xlsx

4.16.1　项目背景

　　随着公司的发展和物流业务的增加，公司各环节成本的核算也显得尤为重要。物流成本核算主要用于对物流各环节的成本进行统计和分析，物流成本核算一般可对半年度、季度或月度等期间的物流成本进行核算。本项目将通过制作公司第四季度的"物流成本核算表"，讲解 Excel 2016 在物流成本核算方面的应用。

4.16.2　项目效果

图 4-95 所示为"物流成本核算表"效果图。

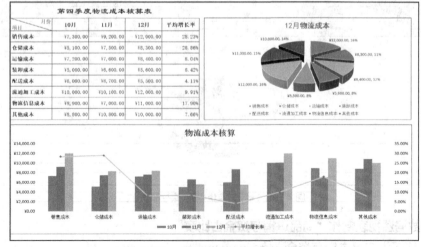

图 4-95　"物流成本核算表"效果图

4.16.3　知识与技能

- 新建并保存工作簿
- 利用公式进行计算
- 设置数据格式
- 绘制斜线表头
- 创建和编辑图表
- 制作组合图表

4.16.4　解决方案

任务 1　新建并保存工作簿

（1）启动 Excel 2016，新建一个空白工作簿。

（2）将新建的工作簿重命名为"物流成本核算表"，并将其保存在"D:\公司文档\物流部"文件夹中。

任务 2　创建"第四季度物流成本核算表"

（1）选中"Sheet1"工作表的 A1:E1 单元格区域，设置"合并后居中"，并输入标题"第四季度物流成本核算表"。

（2）制作表格框架。

① 先在 A2 单元格中输入"月份"，然后按"Alt+Enter"组合键，再输入"项目"。

② 按图 4-96 所示输入表格的基础数据，并适当调整表格的列宽。

任务 3　计算成本平均增长率

（1）选中 E3 单元格。

（2）输入公式"=((C3-B3)/B3+(D3-C3)/C3)/2"，按"Enter"键确认。

（3）选中 E3 单元格，拖曳填充柄至 E10 单元格，将公式复制到 E4:E10 单元格区域中。

计算结果如图 4-97 所示。

	A	B	C	D	E
1	第四季度物流成本核算表				
2	月份\n项目	10月	11月	12月	平均增长率
3	销售成本	7300	9200	12000	
4	仓储成本	5100	7500	8300	
5	运输成本	7200	7600	8400	
6	装卸成本	5000	6600	5600	
7	配送成本	6000	8700	5500	
8	流通加工成本	10000	10100	12000	
9	物流信息成本	8900	7000	11000	
10	其他成本	8800	10800	10000	

图 4-96　"物流成本核算表"的框架

	A	B	C	D	E
1	第四季度物流成本核算表				
2	月份\n项目	10月	11月	12月	平均增长率
3	销售成本	7300	9200	12000	0.2823109
4	仓储成本	5100	7500	8300	0.28862745
5	运输成本	7200	7600	8400	0.08040936
6	装卸成本	5000	6600	5600	0.08424242
7	配送成本	6000	8700	5500	0.04109195
8	流通加工成本	10000	10100	12000	0.09905941
9	物流信息成本	8900	7000	11000	0.17897271
10	其他成本	8800	10800	10000	0.07659933

图 4-97　计算成本的平均增长率

活力小贴士

公式"=((C3-B3)/B3+(D3-C3)/C3)/2"的说明如下。

① "(C3-B3)/B3"表示 11 月成本在 10 月成本基础上的增长率。

② "(D3-C3)/C3"表示 12 月成本在 11 月成本基础上的增长率。

③ ((C3-B3)/B3+(D3-C3)/C3)/2 表示 11 月成本、12 月成本的平均增长率。

任务 4　美化"第四季度物流成本核算表"

（1）设置表格标题的格式为"隶书、18 磅"。

（2）设置 B2:E2 单元格区域标题字段的格式为"宋体、12 磅、加粗、居中"。

（3）设置 A3:A10 单元格区域标题字段的格式为"宋体、11 磅、加粗"。

（4）选中 B3:D10 单元格区域，设置数据格式为"货币"，保留货币符号，小数位数保留 2 位。

（5）设置"平均增长率"采用百分比格式，保留 2 位小数。

① 选中 E3:E10 单元格区域。

② 单击"开始"→"数字"→"数字格式"按钮，打开"设置单元格格式"对话框。

③ 在左侧的"分类"列表中选择"百分比"，在右侧设置小数位数为"2"，如图 4-98 所示。

④ 单击"确定"按钮。

（6）设置表格边框。

① 选中 A2:E10 单元格区域，单击"开始"→"字体"→"框线"下拉按钮，在打开的下拉菜单中选择"所有框线"。

② 选中 A2 单元格，单击"开始"→"数字"→"数字格式"按钮，打开"设置单元格格式"对话框。切换到"边框"选项卡，在"边框"中单击 ⬊ 按钮，如图 4-99 所示，单击"确定"按钮。

图 4-98　设置"平均增长率"的数据格式

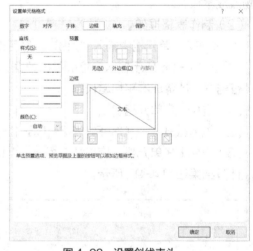

图 4-99　设置斜线表头

（7）调整表格的行高和列宽。

① 设置表格第 1 行的行高为"35"。

② 设置表格第 3~10 行的行高为"25"。

③ 适当增加表格各列的列宽。

（8）调整斜线表头的格式。双击 A2 单元格，将光标移至"月份"之前，适当增加空格，使"月份"靠右显示。

设置完成后的效果如图 4-100 所示。

	10月	11月	12月	平均增长率
第四季度物流成本核算表				
项目＼月份	10月	11月	12月	平均增长率
销售成本	¥7,300.00	¥9,200.00	¥12,000.00	28.23%
仓储成本	¥5,100.00	¥7,500.00	¥8,300.00	28.86%
运输成本	¥7,200.00	¥7,600.00	¥8,400.00	8.04%
装卸成本	¥5,000.00	¥6,600.00	¥5,600.00	8.42%
配送成本	¥6,000.00	¥8,700.00	¥5,500.00	4.11%
流通加工成本	¥10,000.00	¥10,100.00	¥12,000.00	9.91%
物流信息成本	¥8,900.00	¥7,000.00	¥11,000.00	17.90%
其他成本	¥8,800.00	¥10,800.00	¥10,000.00	7.66%

图 4-100　美化后的"第四季度物流成本核算表"

任务 5　制作"12 月物流成本"饼图

（1）按住"Ctrl"键，同时选中 A2:A10 及 D2:D10 单元格区域。

（2）单击"插入"→"图表"→"插入饼图或圆环图"按钮，打开"插入饼图或圆环图"下拉菜单，选择"三维饼图"，生成图 4-101 所示的图表。

微课 4-9　制作 12 月
物流成本饼图

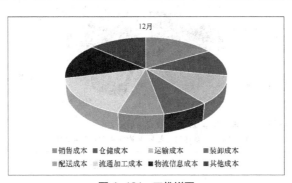

图 4-101　三维饼图

（3）修改图表标题为"12 月物流成本"，并设置标题的格式为"黑体、16 磅"。

（4）将图表修改为分离型三维饼图。

① 选中生成的图表。

② 单击"图表工具"→"格式"→"当前所选内容"→"图表元素"列表框，在打开的下拉列表中选择"系列'12 月'"。

③ 再单击"设置所选内容格式"按钮，打开"设置数据系列格式"窗格。

④ 在"系列选项"中，将"饼图分离程度"值设置为"20%"，如图 4-102 所示。

（5）为图表添加数据标签。

① 选中图表。

② 单击"图表工具"→"设计"→"图表布局"→"添加图表元素"按钮，打开"添加图表元素"下拉菜单，选择"数据标签"级联菜单中的"其他数据标签选项"，打开"设置数据标签格式"窗格。

③ 在"标签选项"中，勾选"值""百分比"复选框，再设置标签位置为"数据标签外"，如图 4-103 所示。

④ 单击"关闭"按钮，为图表添加数据标签，如图 4-104 所示。

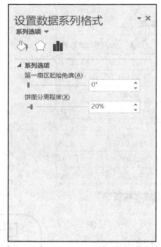

图 4-102　"设置数据系列格式"窗格

图 4-103　"设置数据标签格式"窗格

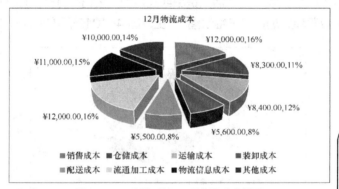

图 4-104　完成后的 12 月物流成本饼图

微课 4-10　制作
第四季度物流成本
组合图表

⑤ 适当调整图表大小，然后将图表移至数据表右侧。

任务 6　制作第四季度物流成本组合图表

活力小贴士　　在 Excel 中，组合图表并不是默认的图表类型，而是通过操作设置后创建的一种图表类型，其将两种或两种以上的图表类型组合在一起，以便在两类或两类以上数据间产生对比效果，方便工作人员对数据进行分析。例如，想要比较交易量的分配价格，或者销售量的税，或者失业率和消费指数等时，组合图表可快速且清晰地显示不同类型的数据，绘制一些在不同坐标轴上带有不同图表类型的数据系列。

（1）选中 A2:E10 单元格区域。

（2）单击"插入"→"图表"→"插入柱形图或条形图"按钮，打开"插入柱形图或条形图"下拉菜单，选择"二维柱形图"中的"簇状柱形图"，生成图 4-105 所示的图表。

（3）将图表标题修改为"物流成本核算"，并设置标题的格式为"宋体、18 磅、加粗、深蓝色"。

（4）调整图表位置和大小。

① 选中图表。

② 将鼠标指针移至图表的图表区，在鼠标指针呈"✥"状时，将图表移至数据表的下方。

③ 适当调整图表大小，如图 4-106 所示。

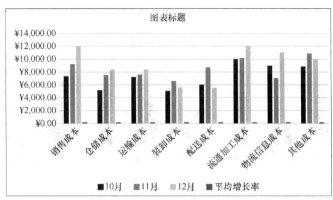

图 4-105　簇状柱形图

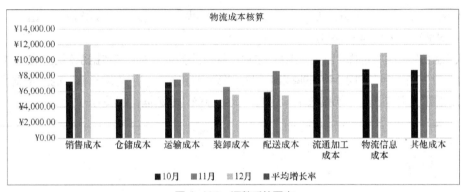

图 4-106　调整后的图表

活力小贴士　　　从图 4-106 中可见，由于图表中的数据系列"10 月""11 月""12 月"表示的数据为各项物流成本，而"平均增长率"数据为各项物流成本的增长率，一种数据是货币类型的，另一种是百分比类型的，不同类型的数据在同一坐标轴上，使得"平均增长率"几乎贴近 0 刻度线，无法直观展示出来。此时需要创建两轴线组合图表来显示该数据系列。

（5）创建两轴线组合图表。

① 选中图表。

② 单击"图表工具"→"格式"→"当前所选内容"→"图表元素"列表框，在打开的下拉列表中选择"系列'平均增长率'"。

③ 再单击"设置所选内容格式"按钮，打开"设置数据系列格式"窗格。

④ 在"系列选项"中，选中"系列绘制在"区域中的"次坐标轴"单选按钮，如图 4-107 所示。

⑤ 单击"设置数据系列格式"窗格右上角的"关闭"按钮，返回工作表，此时"平均增长率"数据系列将覆盖在"11 月"数据系列的上方，

图 4-107　"设置数据系列格式"窗格

其图表类型为"柱形图"，如图 4-108 所示。

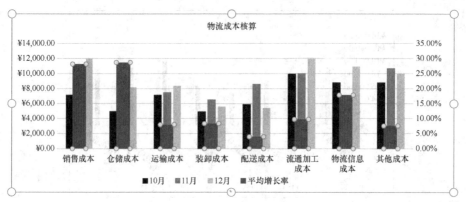

图 4-108　设置次坐标轴

⑥ 选中图表，单击"图表工具"→"设计"→"类型"→"更改图表类型"按钮，打开"更改图表类型"对话框，如图 4-109 所示。

⑦ 从"组合"类型中选择"自定义组合"类型，再在下方的"为您的数据系列选择图表类型和轴："中设置"10 月""11 月""12 月"的图表类型为"簇状柱形图"，"平均增长率"的图表类型为"带数据标记的折线图"，并勾选"平均增长率"后的"次坐标轴"复选框，如图 4-110 所示。

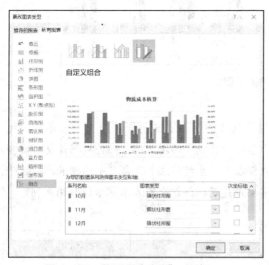

图 4-109　"更改图表类型"对话框

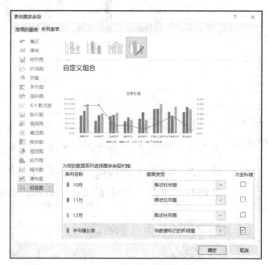

图 4-110　自定义组合图表的图表类型和轴

⑧ 单击"确定"按钮，将"平均增长率"数据系列的类型修改为"带数据标记的折线图"，如图 4-111 所示。

⑨ 修改折线图格式。在折线图系列上双击，打开"设置数据点格式"窗格，单击"填充与线条"，再选择"标记"选项，选中"数据标记选项"中的"内置"单选按钮，再从"类型"下拉列表中选择菱形标记"◆"，如图 4-112 所示；再切换到"线条"选项，在"线条"选项中选中"实线"单选按钮，再从颜色面板中选择"橙色"，如图 4-113 所示，单击"设置数据点格式"窗格右上角的"关闭"按钮，完成修改，效果如图 4-114 所示。

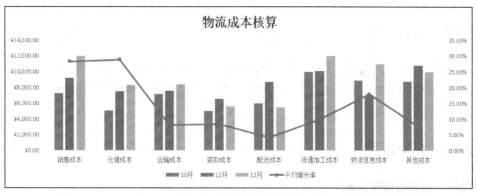

图 4-111　将"平均增长率"数据系列的类型修改为"带数据标记的折线图"

图 4-112　设置"数据标记选项"

图 4-113　设置"线条"格式

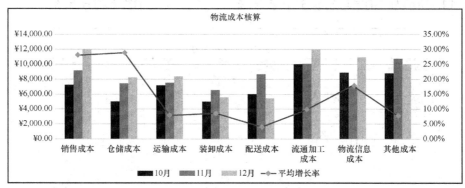

图 4-114　第四季度物流成本组合图表

（6）取消显示编辑栏和网格线。

4.16.5　项目小结

本项目通过制作"物流成本核算表"，主要介绍了工作簿的创建、公式的使用、设置数据格式、绘制斜线表头等基本操作。在此基础上，本项目介绍了通过制作"饼图""柱形图""折线图"组合图表对表中的数据进行分析的操作方法。

4.16.6　拓展项目

1. 制作"成本费用预算表"

"成本费用预算表"如图 4-115 所示。

成本费用预算表

项目	上年实际	本年实际	增减额	增减率
主营业务成本	¥5,000.000	¥5,400.000	¥400.000	8.0%
销售费用	¥5,000.000	¥5,450.000	¥4500.000	9.0%
管理费用	¥7,000.000	¥7,250.000	¥250.000	3.6%
财务费用	¥11,000.000	¥12,500.000	¥11,500.000	13.6%

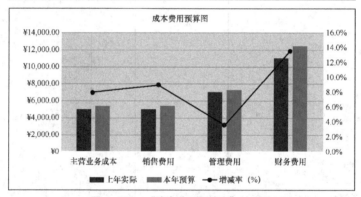

图 4-115　"成本费用预算表"效果图

2. 制作"销售与成本分析"表

图 4-116 所示为"销售与成本分析"效果图，图 4-117 为销售毛利分析图。

销售与成本分析

商品编号	商品类别	商品型号	存货数量	加权平均采购价格	存货占用资金	销售成本	销售收入	销售毛利	销售成本率
J1001	计算机	X13 13.3英寸	20	5,308	106,160	31,848	34,794	2,946	91.5%
J1002	计算机	ThinkPad X1 14英寸	0	7,850	–	102,050	107,380	5,330	95.0%
J1003	计算机	MateBook 14s 14.2英寸	14	7,750	108,500	85,250	91,850	6,600	92.8%
J1004	计算机	D15 15.6英寸	17	5,930	100,810	88,950	94,500	5,550	94.1%
J1005	计算机	16英寸	-7	6,620	-46,340	99,300	104,985	5,685	94.6%
J1006	计算机	S3 15.6英寸	-3	3,108	-9,324	24,864	27,992	3,128	88.8%
J1007	计算机	战99 AMD版 15.6英寸	9	7,218	64,962	64,962	68,391	3,429	95.0%
YY1001	移动硬盘	WDBEPK0020BBK 2TB	-7	398	-2,786	11,940	13,170	1,230	90.7%
YY1002	移动硬盘	STJL2000400 2TB	1	385	385	11,935	13,299	1,364	89.7%
XJ1001	数码相机	Z 50	-6	8,100	-48,600	210,600	223,600	13,000	94.2%
XJ1002	数码相机	EOS 90D	-8	9,620	-76,960	153,920	159,984	6,064	96.2%
SXJ1001	数码摄像机	FDR-AX60	3	9,170	27,510	73,360	76,800	3,440	95.5%
SXJ1002	数码摄像机	GY-HM170EC	11	7,800	85,800	31,200	32,472	1,272	96.1%
SJ1001	手机	P50	-8	4,680	-37,440	102,960	109,736	6,776	93.8%
SJ1002	手机	11 Pro	0	3,880	–	65,960	73,083	7,123	90.3%
SJ1003	手机	OPPO Reno7	11	2,410	26,510	38,560	43,184	4,624	89.3%

图 4-116　"销售与成本分析"效果图

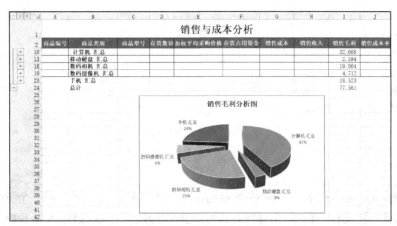

图 4-117　销售毛利分析图

第5篇
财务篇

　　企业无论规模大小都会涉及对财务相关数据的处理。财务管理是企业管理的一个重要组成部分，财务部需要根据财经法规制度，按照财务管理的原则，组织财务活动，认真细致地处理财务关系。在处理财务数据的过程中，企业的财务部可以使用专用的财务软件来进行日常管理，也可以借助 Excel 办公软件来完成相应的工作。本篇将财务部工作中经常使用的表格及数据处理方法提炼出来，指导读者运用合适的方法解决工作中会遇到的财务数据处理问题。

学习目标

知识点

- 公式和 PMT、TODAY、IF、SUM 函数
- 模拟运算表
- 单元格名称的使用
- 方案管理器
- 数组公式
- 图表的创建和编辑

素养点

- 树立风控意识、加强成本管理理念
- 培养诚信、守法、细致的品质
- 具备实事求是的科学精神
- 树立财务安全意识和大局意识

技能点

- 熟练利用公式自动计算数据
- 理解 PMT 等财务函数的应用
- 掌握使用 Excel 常用函数进行计算
- 掌握模拟运算表、方案管理器等工具
- 熟练使用数据透视表/图进行统计、分析
- 掌握函数的嵌套使用
- 理解并学会数组公式的构造

项目 17　投资决策分析

示例文件	原始文件：示例文件\素材文件\项目 17\投资决策分析表.xlsx
	效果文件：示例文件\效果文件\项目 17\投资决策分析表.xlsx

5.17.1　项目背景

企业在项目投资过程中，通常需要贷款来加大资金的周转量。进行投资项目的贷款分析，可使项目的决策者更直观地了解公司的贷款和经营情况，以分析项目的可行性。

利用长期贷款基本模型，财务部在分析投资项目的贷款时，可以根据不同的贷款金额、贷款年利率、贷款年限、每年还款期数中任意一个或几个因素的变化，来分析每期偿还金额的变化，从而为公司管理层做决策提供相应依据。本项目通过制作"投资决策分析表"来介绍 Excel 中的财务函数及模拟运算表在财务预算和分析方面的应用。

本项目假设公司计划购进一批设备，需要资金 120 万元，要向银行贷款部分资金，年利率假设为 4.9%，采取每月等额还款的方式。现需要分析不同贷款金额（100 万元、90 万元、80 万元、70 万元、60 万元及 50 万元）、不同贷款年限（5 年、8 年、10 年和 15 年）下对应的每月偿还金额。

5.17.2　项目效果

图 5-1 所示为"投资决策分析表"效果图。

	贷款分析表			单变量模拟运算表		
	A	B	C	D	E	F	G
贷款金额		1000000		贷款金额	每月偿还金额	
贷款年利率		4.90%		1000000	¥-18,825.45	
贷款年限		5		900000	¥-16,942.91	
每年还款期数		12		800000	¥-15,060.36	
总还款期数		60		700000	¥-13,177.82	
每月偿还金额		¥-18,825.45		600000	¥-11,295.27	
				500000	¥-9,412.73	

双变量模拟运算表

每月偿还金额	¥-18,825.45	60	96	120	180
贷款金额	1000000	¥-18,825.45	¥-12,612.37	¥-10,557.74	¥-7,855.94
	900000	¥-16,942.91	¥-11,351.13	¥-9,501.97	¥-7,070.35
	800000	¥-15,060.36	¥-10,089.89	¥-8,446.19	¥-6,284.75
	700000	¥-13,177.82	¥-8,828.66	¥-7,390.42	¥-5,499.16
	600000	¥-11,295.27	¥-7,567.42	¥-6,334.64	¥-4,713.57
	500000	¥-9,412.73	¥-6,306.18	¥-5,278.87	¥-3,927.97

图 5-1　"投资决策分析表"效果图

5.17.3　知识与技能

- 新建工作簿
- 重命名工作表
- 公式的使用
- PMT 函数的使用
- 模拟运算表
- 工作表格式的设置

5.17.4 解决方案

任务 1 新建工作簿，重命名工作表

（1）启动 Excel 2016，新建一个空白工作簿。

（2）将新建的工作簿重命名为"投资决策分析表"，并将其保存在"D:\公司文档\财务部"文件夹中。

（3）将"投资决策分析表"工作簿中的"Sheet1"工作表重命名为"贷款分析表"。

任务 2 创建"贷款分析表"

（1）按图 5-2 所示内容，输入"贷款分析表"的基本数据。

（2）计算"总还款期数"。

① 选中 C6 单元格。

② 输入公式"= C4*C5"。

③ 按"Enter"键确认，计算出"总还款期数"。

图 5-2 "贷款分析表"的基本数据

任务 3 计算"每月偿还金额"

（1）选中 C7 单元格。

（2）单击"公式"→"函数库"→"插入函数"按钮，打开"插入函数"对话框。

（3）在"选择函数"列表中选择"PMT"，打开"函数参数"对话框。

（4）在"函数参数"对话框中输入图 5-3 所示的 PMT 函数参数。

（5）单击"确定"按钮，计算出给定条件下的"每月偿还金额"，如图 5-4 所示。

微课 5-1 计算
"每月偿还额"

图 5-3 PMT 函数参数

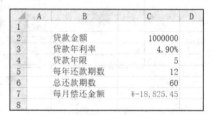

图 5-4 计算"每月偿还金额"

> **活力小贴士**
>
> 　　Excel 中的财务函数可以解决很多专业的财务问题，如投资函数可以解决投资分析的相关计算问题，包含 PMT、PPMT、PV、FV、XNPV、NPV、IMPT、NPER 等函数；折旧函数可以解决累计折旧的相关计算问题，包含 DB、DDB、SLN、SYD、VDB 等函数；计算偿还率的函数可计算投资的偿还类数据，包含 RATE、IRR、MIRR 等函数；债券分析函数可进行各种类型的债券分析，包含 DOLLAR/RMB、DOLARDE、DOLLARFR 等函数。
>
> 　　PMT 函数基于固定利率及等额分期付款的方式，返回贷款的每期付款额。

语法：PMT(Rate,Nper,Pv,Fv,Type)。

参数说明如下。

① Rate：各期利率。例如，如果按 10% 的年利率贷款，并按月偿还贷款，则月利率为 "10%/12"（即约 0.83%）。

② Nper：总投资期数或贷款期数。

③ Pv：现值，或一系列未来付款的当前值的累积和，也称为本金。

④ Fv：未来值，或在最后一次付款后希望得到的现金余额。如果省略 Fv，则假设其值为 0，也就是一笔贷款的未来值为 0。

⑤ Type：数字 "0" 或 "1"，用以指定各期的付款时间是在期初还是期末。

应注意 Rate 和 Nper 单位的一致性。例如，同样是四年期年利率为 12% 的贷款，如果按月支付，Rate 应为 "12%/12"，Nper 应为 "4×12"；如果按年支付，Rate 应为 "12%"，Nper 为 "4"。

任务 4　计算不同 "贷款金额" 的 "每月偿还金额"

这里设定贷款金额分别为 100 万元、90 万元、80 万元、70 万元、60 万元及 50 万元，贷款年限为 5 年，贷款年利率为 4.9%，可以使用单变量模拟运算表来分析适合公司的每月偿还金额。

微课 5-2　计算不同贷款
金额下 "每月偿还额"

**活力
小贴士**

Excel 中的模拟运算表是一种只需一步操作就能计算出所有变化值的模拟分析工具，用以显示一个或多个公式中一个或多个（两个）影响因素取不同值时的结果。它可以显示公式中某些值的变化对计算结果的影响，为同时求解某一运算中所有可能的变化值的组合提供了捷径。此外，模拟运算表还可以将所有不同的计算结果同时显示在工作表中，便于查看和比较。

Excel 有两种类型的模拟运算表：单变量模拟运算表和双变量模拟运算表。

① 单变量模拟运算表为用户提供查看单个变化因素取不同值时对一个或多个公式的结果的影响；双变量模拟运算表为用户提供查看两个变化因素取不同值时对一个或多个公式的结果的影响。

② Excel 的 "模拟运算表" 对话框中有两个文本框，一个是 "输入引用行的单元格"，一个是 "输入引用列的单元格"。若影响因素只有一个，即单变量模拟运算表，则只需要填写其中的一个，如果模拟运算表是以行方式建立的，则填写 "输入引用行的单元格"；如果模拟运算表是以列方式建立的，则填写 "输入引用列的单元格"。

（1）创建贷款分析的单变量模拟运算表。

在 E1:F8 单元格区域中，创建图 5-5 所示的单变量模拟运算表。

（2）计算 "每月偿还金额"。

① 选中 F3 单元格。

② 插入 PMT 函数，设置图 5-6 所示的函数参数，单击"确定"按钮，在 F3 单元格中计算出
"每月偿还金额"，如图 5-7 所示。

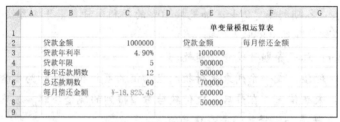

图 5-5　单变量模拟运算表

图 5-6　贷款金额为 1000000 时的 PMT 函数参数

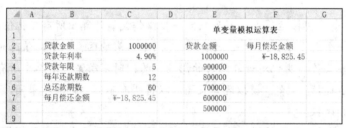

图 5-7　贷款金额为 1000000 时的每月偿还金额

③ 选中 E3:F8 单元格区域。

④ 单击"数据"→"预测"→"模拟分析"按钮，在下拉菜单中选择"模拟运算表"命令，打
开"模拟运算表"对话框，并将"输入引用列的单元格"设置为"$E$3"，如图 5-8 所示。

⑤ 单击"确定"按钮，计算出图 5-9 所示的不同"贷款金额"的"每月偿还金额"。

图 5-8　"模拟运算表"对话框

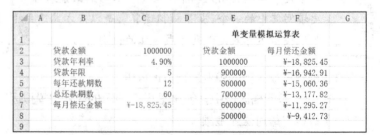

图 5-9　单变量下的"每月偿还金额"

> **活力小贴士**
>
> 　　单变量模拟运算表的工作原理是，在 F3 单元格中的公式为 "=PMT(C3/12,C6,E3)"，即每期支付的贷款利率是 C3/12，因为是按月支付，所以用年利率除以 12；支付贷款的总期数是 C6；贷款金额是 E3。
>
> 　　这里，年利率 C3 的值和总期数 C6 的值固定不变。当计算 F4 单元格时，Excel 将把 E4 单元格中的值输入公式中的 E3 单元格；当计算 F5 单元格时，Excel 将把 E5 单元格中的值输入公式中的 E3 单元格……以此类推，直到模拟运算表中的所有值都计算出来。
>
> 　　这里使用的是单变量模拟运算表，而且变化的值是按列排列的，因此只需要填写"输入引用的列单元格"即可。

任务 5　计算不同"贷款金额"和不同"总还款期数"的"每月偿还金额"

　　这里设定贷款金额分别为 100 万元、90 万元、80 万元、70 万元、60 万元及 50 万元，贷款年限分别为 5 年、8 年、10 年及 15 年，需要设计双变量模拟运算表。

微课 5-3　计算不同贷款金额和总还款期数下"每月偿还额"

　　（1）创建贷款分析的双变量模拟运算表。

　　在 A10:F17 单元格区域中创建双变量模拟运算表，如图 5-10 所示。这里采取每月等额还款的方式。

	双变量模拟运算表				
每月偿还金额		60	96	120	180
	1000000				
	900000				
贷款金额	800000				
	700000				
	600000				
	500000				

图 5-10　双变量模拟运算表

　　（2）计算"每月偿还金额"。

　　① 选中 B11 单元格。

　　② 插入 PMT 函数，设置图 5-3 所示的函数参数，单击"确定"按钮，在 B11 单元格中计算出"每月偿还金额"，如图 5-11 所示。

	双变量模拟运算表				
每月偿还金额	¥-18,825.45	60	96	120	180
	1000000				
	900000				
贷款金额	800000				
	700000				
	600000				
	500000				

图 5-11　计算某一固定总期数和固定年利率下的每月偿还金额

　　③ 选中 B11:F17 单元格区域。

　　④ 单击"数据"→"预测"→"模拟分析"按钮，在下拉菜单中选择"模拟运算表"命令，打开"模拟运算表"对话框，并将"输入引用行的单元格"设置为"$C$6"，将"输入引用列的单元格"设置为"$C$2"，如图 5-12 所示。

图 5-12　输入引用的行的单元格和列的单元格

活力小贴士

这里使用的是双变量模拟运算表，因此需输入引用的行的单元格和列的单元格。

双变量模拟运算表的工作原理是，在 B11 中的公式为 "= PMT(C3/12,C6,C2)"，即每期支付的贷款利率是 C3/12，因为是按月支付，所以用年利率除以"12"；支付贷款的总期数是 C6（60 个月）；贷款金额是 C2（1000000）。

年利率 C3 的值固定不变，当计算 C12 单元格时，Excel 将把 C11 单元格中的值输入公式中的 C6 单元格，把 B12 单元格中的值输入公式中的 C2 单元格；当计算 D12 时，Excel 将把 D11 单元格中的值输入公式中的 C6 单元格，把 B12 单元格中的值输入公式中的 C2 单元格……以此类推，直到模拟运算表中的所有值都计算出来。

用于输入公式的单元格是任取的，它可以是工作表中的任意空白单元格，事实上，它只是一种形式，因为它的取值来源于输入行或输入列。

⑤ 单击"确定"按钮，计算出图 5-13 所示的不同"贷款金额"和不同"总还款期数"的"每月偿还金额"。

	双变量模拟运算表			
每月偿还金额	¥-18,825.45	60	96	120	180
	1000000	¥-18,825.45	¥-12,612.37	¥-10,557.74	¥-7,855.94
	900000	¥-16,942.91	¥-11,351.13	¥-9,501.97	¥-7,070.35
贷款金额	800000	¥-15,060.36	¥-10,089.89	¥-8,446.19	¥-6,284.75
	700000	¥-13,177.82	¥-8,828.66	¥-7,390.42	¥-5,499.16
	600000	¥-11,295.27	¥-7,567.42	¥-6,334.64	¥-4,713.57
	500000	¥-9,412.73	¥-6,306.18	¥-5,278.87	¥-3,927.97

图 5-13 不同"贷款金额"和不同"总还款期数"的"每月偿还金额"

活力小贴士

由于在工作表中，每月偿还金额、贷款金额（C2 单元格）、贷款年利率（C3 单元格）、贷款年限（C4 单元格）、每年还款期数（C5 单元格）及各因素的可能组合（B12:B17 和 C11:F11 单元格区域）之间建立了动态链接，因此，财务人员改变 C2、C3、C4 或 C5 单元格中的数据，或调整 B12:B17 和 C11:F11 单元格区域中的各因素的可能组合时，各分析值将会自动计算。这样，决策者可以一目了然地观察到不同贷款年限、不同贷款金额下，每月偿还金额的变化，从而可以根据企业的经营状况，选择一种合适的贷款方案。

任务 6 格式化"贷款分析表"

（1）按住"Ctrl"键，同时选中 E3:E8、C11:F11 及 B12:B17 单元格区域，将对齐方式设置为"居中"。

（2）分别为 B2:C7、E2:F8 及 A11:F17 单元格区域设置内细外粗的表格边框。

（3）在"视图"→"显示"选项组中，取消勾选"网格线"复选框，隐藏工作表网格线。

5.17.5 项目小结

本项目通过制作"投资决策分析表"介绍了 Excel 中的财务函数 PMT、单变量模拟运算表、双变量模拟运算表等内容。这些函数和模拟运算表都可以用来求得当变量不是唯一的一个值而是一组值时的一组结果，或变量为多个，即多组值时对结果产生的影响。我们可以直接利用 Excel 中的这些函数和模拟运算表对数据进行分析，为企业管理提供准确、详细的数据依据。

5.17.6 拓展项目

1. 制作“不同贷款年利率下每月偿还金额贷款分析表”（单变量模拟）

“不同贷款年利率下每月偿还金额贷款分析表”效果图如图 5-14 所示。

	A	B	C	D
1				
2		贷款金额	900000	
3		贷款年利率	4.9%	
4		贷款年限	5	
5		每年还款期数	12	
6		总还款期数	60	
7		每月偿还金额	¥-16,942.91	
8				
9				
10		贷款年利率	每月偿还金额	
11			¥-16,942.91	
12		4.75%	¥-16,881.22	
13		5.00%	¥-16,984.11	
14		5.21%	¥-17,070.84	
15		5.30%	¥-17,108.09	
16		5.50%	¥-17,191.05	
17				

图 5-14 “不同贷款年利率下每月偿还金额贷款分析表”效果图

2. 制作“不同贷款年利率、不同总还款期数下每月偿还金额贷款分析表”（双变量模拟）

“不同贷款年利率、不同总还款期数下每月偿还金额贷款分析表”效果图如图 5-15 所示。

	A	B	C	D	E	F	G
1							
2		贷款金额	900000				
3		贷款年利率	4.9%				
4		贷款年限	5				
5		每年还款期数	12				
6		总还款期数	60				
7		每月偿还金额	¥-16,942.91				
8							
9							
10	每月偿还金额	¥-16,942.91	60	120	180	240	
11		4.75%	¥-16,881.22	¥-9,436.30	¥-7,000.49	¥-5,816.01	
12		5.00%	¥-16,984.11	¥-9,545.90	¥-7,117.14	¥-5,939.60	
13	贷款年利率	5.21%	¥-17,070.84	¥-9,638.55	¥-7,215.98	¥-6,044.50	
14		5.30%	¥-17,108.09	¥-9,678.42	¥-7,258.58	¥-6,089.76	
15		5.50%	¥-17,191.05	¥-9,767.37	¥-7,353.75	¥-6,190.99	
16							

图 5-15 “不同贷款年利率、不同总还款期数下每月偿还金额贷款分析表”效果图

项目 18　本量利分析

示例文件	原始文件：示例文件\素材文件\项目 18\本量利分析.xlsx
	效果文件：示例文件\效果文件\项目 18\本量利分析.xlsx

5.18.1　项目背景

本量利分析在财务分析中占有举足轻重的地位，通过设定固定成本、售价、数量等指标，财务人员可计算出相应的利润。利用 Excel 提供的方案管理器可以进行更复杂的分析，模拟为达到预算目标选择不同方式的大致结果。每种方式的结果都被称为一个方案，根据多个方案的对比分析，财务人员可以了解不同方案的优势，从中选择最适合公司的方案。本项目将通过制作"本量利分析"工作簿介绍方案管理器在财务管理中的应用。

5.18.2　项目效果

图 5-16 所示为"'本量利分析'方案摘要"效果图。

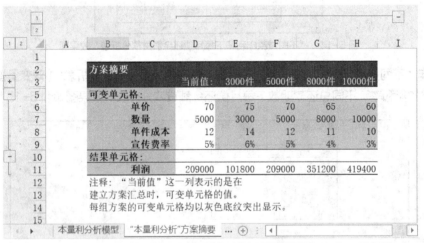

图 5-16　"'本量利分析'方案摘要"效果图

5.18.3　知识与技能

- 新建工作簿
- 重命名工作表
- 公式的使用
- 单元格名称的使用
- 方案管理器的应用

5.18.4 解决方案

任务 1 新建工作簿，重命名工作表

（1）启动 Excel 2016，新建一个空白工作簿。

（2）将新建的工作簿重命名为"本量利分析"，并将其保存在"D:\公司文档\财务部"文件夹中。

（3）将"本量利分析"工作簿中的"Sheet1"工作表重命名为"本量利分析模型"。

任务 2 创建"本量利分析模型"

这里首先创建一个简单的模型，该模型可以分析生产不同数量的某产品对利润的影响。在该模型中有 4 个变量：单价、数量、单件成本和宣传费率。

（1）参照图 5-17，创建模型的基本结构。

（2）按图 5-18 所示输入模型的基础数据。

	A	B	C
1	单价		
2	数量		
3	单件成本		
4	宣传费率		
5			
6			
7	利润		
8	销售金额		
9	费用		
10	成本		
11	固定成本		
12			

图 5-17 "本量利分析模型"的基本结构

	A	B	C
1	单价	75	
2	数量	3000	
3	单件成本	14	
4	宣传费率	6%	
5			
6			
7	利润		
8	销售金额		
9	费用	20000	
10	成本		
11	固定成本	60000	
12			

图 5-18 输入"本量利分析模型"的基础数据

（3）计算"销售金额"。

计算公式为"销售金额 = 单价×数量"。

① 选中 B8 单元格。

② 输入公式"= B1*B2"。

③ 按"Enter"键确认。

（4）计算"成本"。

计算公式为"成本 = 固定成本+数量×单件成本"。

① 选中 B10 单元格。

② 输入公式"= B11+B2*B3"。

③ 按"Enter"键确认。

（5）计算"利润"。

计算公式为"利润 = 销售金额-成本-费用×（1+宣传费率）"。

① 选中 B7 单元格。

② 输入公式"= B8-B10-B9*(1+B4)"。

③ 按"Enter"键确认。

计算完成后的"本量利分析模型"如图 5-19 所示。

任务 3　定义单元格名称

（1）选中 B1 单元格。

（2）单击"公式"→"定义的名称"→"定义名称"按钮，打开"新建名称"对话框。

（3）在"名称"文本框中输入"单价"，如图 5-20 所示。

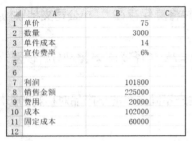

图 5-19　计算完成后的"本量利分析模型"

图 5-20　定义名称

（4）单击"确定"按钮。

（5）采用同样的方法，分别将 B2、B3、B4 和 B7 单元格重命名为"数量""单件成本""宣传费率"和"利润"。

活力小贴士　　进行定义单元格名称的操作时，也可先选中要定义名称的单元格，然后在 Excel 编辑栏左侧的"名称框"中输入新的名称，最后按"Enter"键确认。

任务 4　建立"本量利分析"方案

（1）单击"数据"→"预测"→"模拟分析"按钮，在下拉菜单中选择"方案管理器"命令，打开图 5-21 所示的"方案管理器"对话框。

（2）单击"方案管理器"对话框中的"添加"按钮，打开"编辑方案"对话框。

（3）如图 5-22 所示，在"方案名"文本框中输入"3000 件"，在"可变单元格"文本框中设置区域"$B$1:$B$4"。

微课 5-4　建立"本量利分析"方案

图 5-21　"方案管理器"对话框

图 5-22　"编辑方案"对话框

（4）单击"确定"按钮，打开"方案变量值"对话框，按图5-23所示分别设定"单价""数量""单件成本""宣传费率"的值。

（5）单击"确定"按钮，完成"3000件"方案的设定。

> **活力小贴士** 由于在任务3中已经定义了B1、B2、B3、B4单元格的名称分别为"单价""数量""单件成本""宣传费率"，所以在这里输入方案变量值时，可以很直观地看到每个数据项的名称。

（6）分别按图5-24、图5-25和图5-26所示，设置"5000件""8000件""10000件"的方案变量值。

图5-23 "方案变量值"对话框

图5-24 "5000件"方案的"方案变量值"

图5-25 "8000件"方案的"方案变量值"

图5-26 "10000件"方案的"方案变量值"

设置后的"方案管理器"对话框如图5-27所示。

> **活力小贴士** 方案编辑完成后如果需要修改方案，可在图5-27所示的"方案管理器"对话框中进行相应的修改操作。
> ① 单击"添加"按钮，可继续添加新的方案。
> ② 选中某方案，单击"删除"按钮，可删除选中的方案。
> ③ 选中某方案，单击"编辑"按钮，可修改选中的方案的方案名、方案变量值等。

任务5 显示"本量利分析"方案

设定了各种模拟方案后，就可以随时查看模拟的结果。

（1）在"方案"列表中，选中要显示的方案，例如选中"5000件"方案。

（2）单击"显示"按钮，选中方案中可变单元格的值将出现在工作表的可变单元格中，同时工作表会重新计算数据，以反映模拟的结果，如图5-28所示。

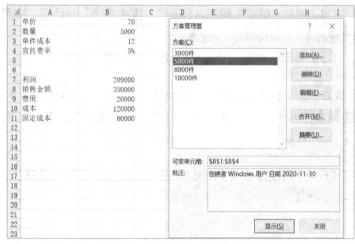

图 5-27　设置后的"方案管理器"对话框　　　　图 5-28　显示使用"5000 件"方案时工作表中的数据

任务6　创建"本量利分析"方案摘要

微课 5-5　创建"本量利分析"方案摘要

（1）单击"方案管理器"对话框中的"摘要"按钮，打开图 5-29 所示的"方案摘要"对话框。

（2）在"方案摘要"对话框中，选中"方案摘要"单选按钮，设置报告类型为"方案摘要"。在"结果单元格"文本框中，通过选中单元格或输入单元格引用来指定每个方案的结果单元格。

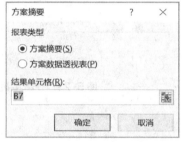

图 5-29　"方案摘要"对话框

（3）单击"确定"按钮，生成图 5-30 所示的方案摘要。

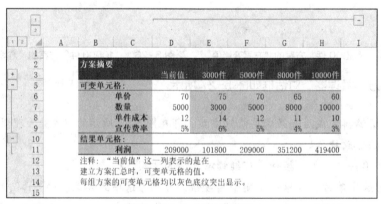

方案摘要	当前值	3000件	5000件	8000件	10000件
可变单元格：					
单价	70	75	70	65	60
数量	5000	3000	5000	8000	10000
单件成本	12	14	12	11	10
宣传费率	5%	6%	5%	4%	3%
结果单元格：					
利润	209000	101800	209000	351200	419400

注释："当前值"这一列表示的是在
建立方案汇总时，可变单元格的值。
每组方案的可变单元格均以灰色底纹突出显示。

图 5-30　生成的方案摘要

（4）将新生成的"方案摘要"工作表重命名为"'本量利分析'方案摘要"。

活力小贴士　　Excel 为数据分析提供了更为高级的分析方法，即通过使用方案来对多个变化因素对结果的影响进行分析。方案是指产生不同结果的可变单元格的多个输入值的集合。每个方案中可以使用多种变量进行数据分析。

5.18.5 项目小结

本项目通过制作"本量利分析"工作簿，主要介绍了工作簿的创建、工作表重命名、构造本量利分析模型、公式的使用、定义单元格名称等。在此基础上，本项目利用"方案管理器"建立方案、显示方案及生成方案摘要，从而为公司的生产和销售提供决策方案。

5.18.6 拓展项目

1. 制作商品销售毛利分析模型和商品销售毛利分析方案摘要

商品销售毛利分析模型如图 5-31 所示，商品销售毛利分析方案摘要如图 5-32 所示。

（其中：毛利=进货成本×加价百分比×销售数量-销售费用。）

	A	B	C
1	进货成本	46	
2	加价百分比	20%	
3	销售数量	5000	
4	销售费用	4500	
5			
6	毛利	41500	
7			

图 5-31　商品销售毛利分析模型

图 5-32　商品销售毛利分析方案摘要

2. 制作贷款方案表和贷款方案摘要

贷款方案表如图 5-33 所示，贷款方案摘要如图 5-34 所示。

（提示：首先在左侧"贷款方案表"中使用 PMT 函数计算"每年还款额""季度还款额""月还款额"数据，然后在右侧构建"贷款方案模型"，最后在"方案管理器"中参照"贷款方案表"中的数据，构建以"贷款总额""期限""年利率"为可变单元格，以"每年还款额""季度还款额""月还款额"为结果单元格的方案，生成方案摘要。）

		贷款方案表							贷款方案模型	
方案	贷款总额	期限（年）	年利率	每年还款额	季度还款额	月还款额		贷款总额		1000000
1	1000000	3	4.75%	¥365,489.67	¥89,904.79	¥29,858.78		期限（年）		3
2	1500000	5	4.90%	¥345,505.02	¥85,018.45	¥28,238.18		年利率		4.75%
3	2000000	8	5.10%	¥310,695.72	¥76,506.76	¥25,415.17		每年还款额		¥365,489.67
4	2500000	10	6.00%	¥339,669.90	¥83,567.75	¥27,735.13		季度还款额		¥89,904.79
								月还款额		¥29,858.78

图 5-33　贷款方案表

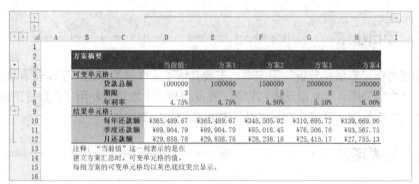

图 5-34　贷款方案摘要

项目 19　往来账务管理

示例文件	原始文件：示例文件\素材文件\项目 19\往来账务管理.xlsx
	效果文件：示例文件\效果文件\项目 19\往来账务管理.xlsx

5.19.1　项目背景

往来账是企业在生产经营过程中发生业务往来而产生的应收和应付款项。在公司的财务管理中，往来账务管理是一项很重要的工作。往来账作为企业总资产的一个重要组成部分，直接影响到企业的资金使用、财务状况结构、财务指标分析等多个方面。本项目通过制作"往来账务管理"工作簿介绍 Excel 在往来账务管理方面的应用。

5.19.2　项目效果

图 5-35 所示为"应收账款明细表"效果图，图 5-36 所示为"应收账款账龄结构分析图"效果图。

日期	客户代码	客户名称	应收金额	应收账款期限	是否到期	未到期金额
应收账款明细表						
2022-7-1	D0002	迈凤实业	36,900.00	2022-9-29	是	0.00
2022-7-11	A0002	美环科技	65,000.00	2022-10-9	是	0.00
2022-7-21	B0004	联同实业	600,000.00	2022-10-19	是	0.00
2022-8-4	A0003	全亚集团	610,000.00	2022-11-2	是	0.00
2022-8-9	B0004	联同实业	37,600.00	2022-11-7	是	0.00
2022-8-22	C0002	科达集团	320,000.00	2022-11-20	是	0.00
2022-8-30	A0003	全亚集团	30,000.00	2022-11-28	否	30,000.00
2022-9-6	A0004	联华实业	40,000.00	2022-12-5	否	40,000.00
2022-9-9	D0004	朗讯公司	70,000.00	2022-12-8	否	70,000.00
2022-9-14	A0003	全亚集团	26,000.00	2022-12-13	否	26,000.00
2022-9-26	A0002	美环科技	78,000.00	2022-12-25	否	78,000.00
2022-10-1	B0001	兴盛数码	68,000.00	2022-12-30	否	68,000.00
2022-10-2	C0002	科达集团	26,000.00	2022-12-31	否	26,000.00
2022-10-6	C0003	安跃科技	45,600.00	2023-1-4	否	45,600.00
2022-11-5	D0003	腾恒公司	3,700.00	2023-2-3	否	3,700.00
2022-11-5	D0002	迈凤实业	58,000.00	2023-2-3	否	58,000.00
2022-11-18	D0004	朗讯公司	59,000.00	2023-2-16	否	59,000.00

图 5-35　"应收账款明细表"效果图

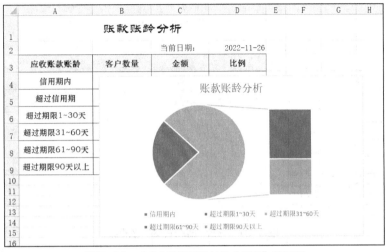

图 5-36 "应收账款账龄结构分析图"效果图

5.19.3 知识与技能

- 新建工作簿
- 重命名工作表
- 使用公式和函数进行计算
- 单元格名称的使用
- TODAY、IF、SUM 函数的应用
- 数组公式的应用
- 图表的应用

5.19.4 解决方案

任务 1 新建工作簿，重命名工作表

（1）启动 Excel 2016，新建一个空白工作簿。

（2）将新建的工作簿重命名为"往来账务管理"，并将其保存在"D:\公司文档\财务部"文件夹中。

（3）将"Sheet1"工作表重命名为"应收账款明细表"。

任务 2 创建"应收账款明细表"

（1）选中"应收账款明细表"。

（2）设置 A1:G1 单元格区域"合并后居中"，输入表格标题"应收账款明细表"，设置字体为"华文中宋"、字号为"18"。

（3）按照图 5-37 所示输入表格的标题字段和基础数据。

任务 3 计算"应收账款期限"

这里设定收款期为 90 天。

（1）选中 E3 单元格。

（2）输入公式"=A3+90"，按"Enter"键确认。

	A	B	C	D	E	F	G
1				**应收账款明细表**			
2	日期	客户代码	客户名称	应收金额	应收账款期限	是否到期	未到期金额
3	2022-7-1	D0002	迈风实业	36900			
4	2022-7-11	A0002	美环科技	65000			
5	2022-7-21	B0004	联同实业	600000			
6	2022-8-4	A0003	全亚集团	610000			
7	2022-8-9	B0004	联同实业	37600			
8	2022-8-22	C0002	科达集团	320000			
9	2022-8-30	A0003	全亚集团	30000			
10	2022-9-6	A0004	联华实业	40000			
11	2022-9-9	D0004	朗讯公司	70000			
12	2022-9-14	A0003	全亚集团	26000			
13	2022-9-26	A0002	美环科技	78000			
14	2022-10-1	B0001	兴盛数码	68000			
15	2022-10-2	C0002	科达集团	26000			
16	2022-10-6	C0003	安跃科技	45600			
17	2022-11-5	D0003	腾恒公司	3700			
18	2022-11-5	D0002	迈风实业	58000			
19	2022-11-18	D0004	朗讯公司	59000			

图 5-37 "应收账款明细表"的框架

（3）选中 E3 单元格，拖曳填充柄至 E19 单元格，将公式复制到 E4:E19 单元格区域，计算出每笔账务的"应收账款期限"，如图 5-38 所示。

	A	B	C	D	E	F	G
1				**应收账款明细表**			
2	日期	客户代码	客户名称	应收金额	应收账款期限	是否到期	未到期金额
3	2022-7-1	D0002	迈风实业	36900	2022-9-29		
4	2022-7-11	A0002	美环科技	65000	2022-10-9		
5	2022-7-21	B0004	联同实业	600000	2022-10-19		
6	2022-8-4	A0003	全亚集团	610000	2022-11-2		
7	2022-8-9	B0004	联同实业	37600	2022-11-7		
8	2022-8-22	C0002	科达集团	320000	2022-11-20		
9	2022-8-30	A0003	全亚集团	30000	2022-11-28		
10	2022-9-6	A0004	联华实业	40000	2022-12-5		
11	2022-9-9	D0004	朗讯公司	70000	2022-12-8		
12	2022-9-14	A0003	全亚集团	26000	2022-12-13		
13	2022-9-26	A0002	美环科技	78000	2022-12-25		
14	2022-10-1	B0001	兴盛数码	68000	2022-12-30		
15	2022-10-2	C0002	科达集团	26000	2022-12-31		
16	2022-10-6	C0003	安跃科技	45600	2023-1-4		
17	2022-11-5	D0003	腾恒公司	3700	2023-2-3		
18	2022-11-5	D0002	迈风实业	58000	2023-2-3		
19	2022-11-18	D0004	朗讯公司	59000	2023-2-16		

图 5-38 计算"应收账款期限"

> **活力小贴士**
>
> 在 Excel 中，除了使用函数进行日期数据的处理外，还可以使用日期数据与数字进行加/减运算。将一个日期加/减一个整数 n，可以得到这个日期之后/之前 n 天的另一个日期。如日期 2022-5-6，加上数字 3，将得到该日期 3 天后的日期 2022-5-9；相反，如果减去数字 3，则得到该日期 3 天前的日期 2022-5-3。

任务 4 判断应收账款是否到期

> **活力小贴士**
>
> 可利用 IF 函数判断应收账款是否到期，用系统当前日期与"应收账款期限"进行比较，如果"应收账款期限"早于系统日期，则说明已经到期，否则为未到期。当前日期使用 TODAY 函数获取。本项目的系统日期为"2022-11-26"。

微课 5-6 判断应收账款是否到期

（1）选中 F3 单元格。

（2）单击"公式"→"函数库"→"插入函数"按钮，打开图 5-39 所示的"插入函数"对话框。

（3）在"选择函数"列表中选择"IF"，单击"确定"按钮，打开"函数参数"对话框。

（4）输入图 5-40 所示的参数。

图 5-39 "插入函数"对话框

图 5-40 设置 IF 函数参数

（5）单击"确定"按钮。

（6）选中 F3 单元格，拖曳填充柄至 F19 单元格，将公式复制到 F4:F19 单元格区域中，判断出每笔应收账款是否到期，如图 5-41 所示。

	A	B	C	D	E	F	G
1	应收账款明细表						
2	日期	客户代码	客户名称	应收金额	应收账款期限	是否到期	未到期金额
3	2022-7-1	D0002	迈风实业	36900	2022-9-29	是	
4	2022-7-11	A0002	美环科技	65000	2022-10-9	是	
5	2022-7-21	B0004	联同实业	600000	2022-10-19	是	
6	2022-8-4	A0003	全亚集团	610000	2022-11-2	是	
7	2022-8-9	B0004	联同实业	37600	2022-11-7	是	
8	2022-8-22	C0002	科达集团	320000	2022-11-20	是	
9	2022-8-30	A0003	全亚集团	30000	2022-11-28	否	
10	2022-9-6	A0004	联华实业	40000	2022-12-5	否	
11	2022-9-9	D0004	朗讯公司	70000	2022-12-8	否	
12	2022-9-14	A0003	全亚集团	26000	2022-12-13	否	
13	2022-9-26	A0002	美环科技	78000	2022-12-25	否	
14	2022-10-1	B0001	兴盛数码	68000	2022-12-30	否	
15	2022-10-2	C0002	科达集团	26000	2022-12-31	否	
16	2022-10-6	C0003	安跃科技	45600	2023-1-4	否	
17	2022-11-5	D0003	腾恒公司	3700	2023-2-3	否	
18	2022-11-5	D0002	迈风实业	58000	2023-2-3	否	
19	2022-11-18	D0004	朗讯公司	59000	2023-2-16	否	

图 5-41 判断每笔应收账款是否到期

任务 5 计算"未到期金额"

（1）选中 G3 单元格。

（2）单击"公式"→"函数库"→"插入函数"按钮，打开"插入函数"对话框，在"选择函数"列表中选择"IF"。

（3）单击"确定"按钮，打开"函数参数"对话框，输入图 5-42 所示的参数，单击"确定"按钮。

微课 5-7 计算"未到期金额"

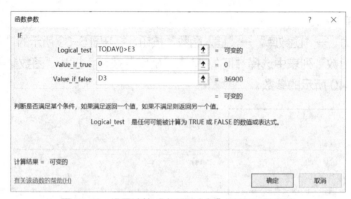

图 5-42 设置计算"未到期金额"的 IF 函数参数

（4）选中 G3 单元格，拖曳填充柄至 G19 单元格，将公式复制到 G4:G19 单元格区域中，计算出每笔应收账款的"未到期金额"，如图 5-43 所示。

	A	B	C	D	E	F	G
1				应收账款明细表			
2	日期	客户代码	客户名称	应收金额	应收账款期限	是否到期	未到期金额
3	2022-7-1	D0002	迈风实业	36900	2022-9-29	是	0
4	2022-7-11	A0002	美环科技	65000	2022-10-9	是	0
5	2022-7-21	B0004	联同实业	600000	2022-10-19	是	0
6	2022-8-4	A0003	全亚集团	610000	2022-11-2	是	0
7	2022-8-9	B0004	联同实业	37600	2022-11-7	是	0
8	2022-8-22	C0002	科达集团	320000	2022-11-20	是	0
9	2022-8-30	A0003	全亚集团	30000	2022-11-28	否	30000
10	2022-9-6	A0004	联华实业	40000	2022-12-5	否	40000
11	2022-9-9	D0004	朗讯公司	70000	2022-12-8	否	70000
12	2022-9-14	A0003	全亚集团	26000	2022-12-13	否	26000
13	2022-9-26	A0002	美环科技	78000	2022-12-25	否	78000
14	2022-10-1	B0001	兴盛数码	68000	2022-12-30	否	68000
15	2022-10-2	C0002	科达集团	26000	2022-12-31	否	26000
16	2022-10-6	C0003	安跃科技	45600	2023-1-4	否	45600
17	2022-11-5	D0003	腾恒公司	3700	2023-2-3	否	3700
18	2022-11-5	D0002	迈风实业	58000	2023-2-3	否	58000
19	2022-11-18	D0004	朗讯公司	59000	2023-2-16	否	59000

图 5-43 计算"未到期金额"

任务 6　设置"应收账款明细表"格式

（1）设置"应收金额"和"未到期金额"两列的数据格式为"货币"格式，且无货币符号，其余列的数据的对齐方式为"居中"。

（2）设置第 2 行的标题字段的格式为"加粗、居中"，并为其设置"蓝色，强调文字颜色 1，淡色 80%"的底纹。

（3）设置第 1 行的行高为"30"，第 2 行的行高为"22"，其余各行的行高为"18"。

（4）为 A2:G19 单元格区域添加样式为"所有框线"的边框。

任务 7　账款账龄分析

（1）插入一张新工作表，并将其重命名为"账款账龄分析"。

（2）创建图 5-44 所示的"账款账龄分析"工作表的框架。

（3）定义单元格名称。

① 切换到"应收账款明细表"，选中 E2:E19 单元格区域。

② 单击"公式"→"定义的名称"→"根据所选内容创建"按钮，在弹出的"以选定区域创建

名称"对话框中，勾选"首行"复选框，如图 5-45 所示。

图 5-44　"账款账龄分析"工作表的框架

图 5-45　"以选定区域创建名称"对话框

③ 单击"确定"按钮，返回工作表。

④ 选中 D3:D19 单元格区域，在编辑栏左侧的"名称框"中输入"应收金额"，按"Enter"键确认。

> **活力小贴士**　定义名称后，单击"公式"→"定义的名称"→"名称管理器"按钮，打开"名称管理器"对话框，在对话框中可见图 5-46 所示的"应收金额"和"应收账款期限"名称。 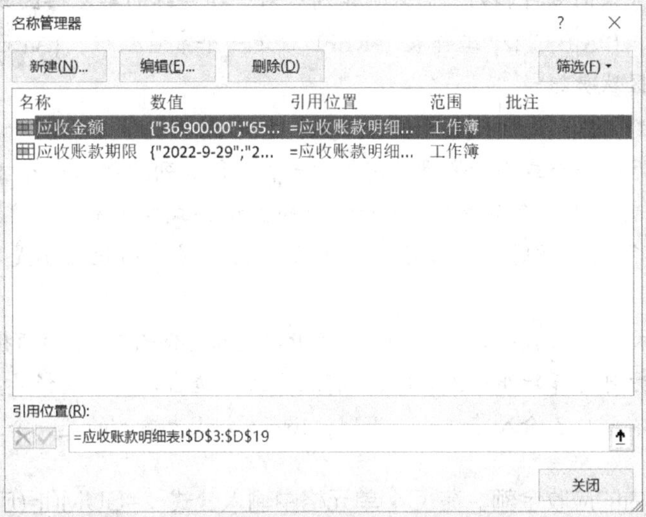
>
> 图 5-46　"名称管理器"对话框
>
> 在对话框中，也可通过"新建""编辑"和"删除"按钮对名称进行相关操作。

（4）切换到"账款账龄分析"工作表，在 D2 单元格中输入公式"=TODAY()"。按"Enter"键确认，获取系统的当前日期。

（5）计算信用期内的客户数量。在 B4 单元格中输入公式"=SUM(IF(应收账款期限>=D2,1,0))"，然后按"Ctrl+Shift+Enter"组合键计算数组公式的结果，如图 5-47 所示。

B4			f_x	{=SUM(IF(应收账款期限>= D2,1,0))}		

账款账龄分析

	A	B	C	D	E
1					
2			当前日期：	2022-11-26	
3	应收账款账龄	客户数量	金额	比例	
4	信用期内	11			
5	超过信用期				
6	超过期限1~30天				
7	超过期限31~60天				
8	超过期限61~90天				
9	超过期限90天以上				

图5-47　计算信用期内的客户数量

活力小贴士

数组和数组公式的说明如下。

① 数组。数组就是一组起作用的单元格或值的集合，包括文本、数值、日期、逻辑值和错误值等。

在 Excel 中，数组有两种，即常量数组和单元格区域数组。前者可以包括数字、文本、逻辑值和错误值等，它用花括号"{}"将构成数组的常量括起来，各元素之间分别用分号和逗号来间隔行和列。后者则是通过对一组连续的单元格区域进行引用而得到的数组。例如，{"A,B,C";2;"工作表";#REF!}就是一个常量数组，{A1:C6}就是一个 6 行 3 列的单元格区域数组。

② 数组公式。数组公式是使用了数组的一种特殊公式，对一组或多组值执行多重计算，并返回一个或多个结果。例如，一个 1 行 3 列数组与一个 1 行 3 列数组相乘，结果为一个新的 1 行 3 列数组。Excel 中的数组公式非常有用，尤其在不能使用工作表函数直接得到结果时，它可建立产生多个值或对一组值而不是单个值进行操作的公式。

数组公式采用一对花括号作为标记，因此在输入完公式之后，只有按"Ctrl+Shift+Enter"组合键时，方可计算数组公式。Excel 将在公式两边自动加上花括号。

注意，不要自己输入花括号，否则，Excel 会认为输入的是一个正文标签。

（6）计算信用期内的应收金额。在 C4 单元格中输入公式"=SUM(IF(应收账款期限>=D2,应收金额,0))"，然后按"Ctrl+Shift+Enter"组合键计算数组公式的结果，如图 5-48 所示。

（7）计算超过期限 1~30 天的客户数量。在 B6 单元格中输入公式"=SUM(IF(((D2-应收账款期限)>=1)*((D2-应收账款期限)<=30),1,0))"，然后按"Ctrl+Shift+Enter"组合键计算数组公式的结果，如图 5-49 所示。

C4   fx   {=SUM(IF(应收账款期限>=D2,应收金额,0))}

	A	B	C	D	E	F
1		账款账龄分析				
2			当前日期：	2022-11-26		
3	应收账款账龄	客户数量	金额	比例		
4	信用期内	11	504300			
5	超过信用期					
6	超过期限1~30天					
7	超过期限31~60天					
8	超过期限61~90天					
9	超过期限90天以上					

图 5-48   计算信用期内的应收金额

B6   fx   {=SUM(IF(((D2-应收账款期限)>=1)*((D2-应收账款期限)<=30),1,0))}

	A	B	C	D	E	F	G	H
1		账款账龄分析						
2			当前日期：	2022-11-26				
3	应收账款账龄	客户数量	金额	比例				
4	信用期内	11	504300					
5	超过信用期							
6	超过期限1~30天	3						
7	超过期限31~60天							
8	超过期限61~90天							
9	超过期限90天以上							

图 5-49   计算超过期限 1~30 天的客户数量

**活力
小贴士**

函数公式里"*"的意义如下。

"*"本是算术运算符，是 Excel 中的数学符号，但除了用作算术运算符，它还可以代替逻辑函数，如 AND 函数、OR 函数及 IF 函数。例如，假设 A 列存放分数，如果分数为 60~100 为合格，否则为不合格，这时"=IF(AND(A1>=60,A1<=100),"合格","不合格")"与"=IF((A1>=60)*(A1<=100),"合格","不合格")"是等价的。

（8）计算超过期限 1~30 天的应收金额。在 C6 单元格中输入公式"=SUM(IF(((D2-应收账款期限)>=1)*((D2-应收账款期限)<=30),应收金额,0))"，然后按"Ctrl+Shift+Enter"组合键计算数组公式的结果，如图 5-50 所示。

C6   fx   {=SUM(IF(((D2-应收账款期限)>=1)*((D2-应收账款期限)<=30),应收金额,0))}

	A	B	C	D	E	F	G	H	I
1		账款账龄分析							
2			当前日期：	2022-11-26					
3	应收账款账龄	客户数量	金额	比例					
4	信用期内	11	504300						
5	超过信用期								
6	超过期限1~30天	3	967600						
7	超过期限31~60天								
8	超过期限61~90天								
9	超过期限90天以上								

图 5-50   计算超过期限 1~30 天的应收金额

（9）使用相同的方法计算出其他期限段的客户数量和应收金额，如图 5-51 所示。

（10）计算超过信用期的客户数量。选中 B5 单元格，输入公式"=SUM(B6:B9)"，按"Enter"键确认。

（11）选中 B5 单元格，拖曳填充柄至 C5 单元格，可统计出超过信用期的应收金额，如图 5-52 所示。

	账款账龄分析		
		当前日期：	2022-11-26
应收账款账龄	客户数量	金额	比例
信用期内	11	504300	
超过信用期			
超过期限1~30天	3	967600	
超过期限31~60天	3	701900	
超过期限61~90天	0	0	
超过期限90天以上	0	0	

图 5-51　显示计算结果

	账款账龄分析		
		当前日期：	2022-11-26
应收账款账龄	客户数量	金额	比例
信用期内	11	504300	
超过信用期	6	1669500	
超过期限1~30天	3	967600	
超过期限31~60天	3	701900	
超过期限61~90天	0	0	
超过期限90天以上	0	0	

图 5-52　计算超过信用期的客户数量和应收金额

（12）统计各个期限段的金额占比值。

① 选中 D4 单元格。

② 输入公式"=C4/($C$4+$C$5)"，按"Enter"键确认。

③ 选中 D4 单元格，拖曳填充柄至 D9 单元格，将公式复制到 D5:D9 单元格区域中。

（13）设置单元格格式。

① 将 D4:D9 单元格区域的数据格式设置为"百分比"格式，保留 2 位小数。

② 将"客户数量""金额""比例"列的数据的对齐方式设置为"居中"，效果如图 5-53 所示。

	账款账龄分析			
		当前日期：	2022-11-26	
应收账款账龄	客户数量	金额	比例	
信用期内	11	504300	23.20%	
超过信用期	6	1669500	76.80%	
超过期限1~30天	3	967600	44.51%	
超过期限31~60天	3	701900	32.29%	
超过期限61~90天	0	0	0.00%	
超过期限90天以上	0	0	0.00%	

图 5-53　"账款账龄分析"效果图

任务 8　制作"账款账龄分析"图表

（1）选择"账款账龄分析"工作表，将光标置于"账款账龄分析"工作表数据区域内的任意单元格中，单击"插入"→"图表"→"插入饼图或圆环图"按钮，打开下拉菜单，选择"二维饼图"中的"复合条饼图"，生成图 5-54 所示的图表。

微课 5-8　制作"账款账龄分析"图表

（2）修改图表的数据区域。

① 选中插入的图表，单击"图表工具"→"设计"→"数据"→"选择数据"按钮，打开图 5-55 所示的"选择数据源"对话框。

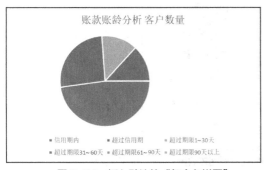

图 5-54 插入默认的"复合条饼图"

图 5-55 "选择数据源"对话框

② 单击"图表数据区域"右侧的"折叠"按钮，返回工作表中，选择 A4、A6:A9、C4、C6:C9 单元格区域，单击"返回"按钮，返回"选择数据源"对话框，可看到图 5-56 所示的更改后的数据区域。

③ 单击"确定"按钮，返回工作表，可看到更改数据区域后的图表效果，如图 5-57 所示。

图 5-56 更改后的数据区域

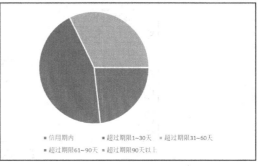

图 5-57 更改数据区域后的图表效果

（3）设置数据系列的格式。

① 在图表的数据系列上单击鼠标右键，在弹出的快捷菜单中选择"设置数据系列格式"命令，打开"设置数据系列格式"窗格。

② 在"设置数据系列格式"窗格中，将"系列选项"中的"第二绘图区中的值"设置为"4"，然后调整"第二绘图区大小"为"90%"，如图 5-58 所示。

③ 返回工作表中，可查看设置数据系列格式后的图表效果，如图 5-59 所示。

（4）添加图表标题。

① 选中图表，单击"图表工具"→"设计"→"图表布局"→"添加图表元素"按钮，打开下拉菜单。

② 选择"图表标题"级联菜单中的"图表上方"命令，在图表

图 5-58 "设置数据系列格式"窗格

上方出现默认的"图表标题"。

③ 选中图表中的"图表标题"，在编辑栏中输入公式"=账款账龄分析!$A$1"，如图 5-60 所示。

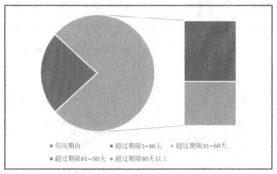

图 5-59　设置数据系列格式后的图表效果

图 5-60　设置图表标题

④ 按"Enter"键确认，使"图表标题"链接到 A1 单元格，"图表标题"显示为 A1 单元格的内容。

（5）保存并关闭工作簿。

5.19.5　项目小结

本项目通过制作"往来账务管理"工作簿，主要介绍了工作簿的新建、工作表的重命名、使用公式和函数进行计算、定义单元格名称等内容。在此基础上，本项目进一步介绍了利用 TODAY、IF、SUM 函数及数组公式进行账务统计和分析的方法，使用图表工具增强了账务数据的可视化效果。

5.19.6　拓展项目

1. 设置应收账款到期前一周自动提醒

设置应收账款到期前一周自动提醒，如图 5-61 所示。

应收账款明细表

日期	客户代码	客户名称	应收金额	应收账款期限	是否到期	未到期金额
2022-7-1	D0002	迈风实业	36,900.00	2022-9-29	是	0.00
2022-7-11	A0002	美环科技	65,000.00	2022-10-9	是	0.00
2022-7-21	B0004	联同实业	600,000.00	2022-10-19	是	0.00
2022-8-4	A0003	全亚集团	610,000.00	2022-11-2	是	0.00
2022-8-9	B0004	联同实业	37,600.00	2022-11-7	是	0.00
2022-8-22	C0002	科达集团	320,000.00	2022-11-20	是	0.00
2022-8-30	A0003	全亚集团	30,000.00	2022-11-28	否	30,000.00
2022-9-6	A0004	联华实业	40,000.00	2022-12-5	否	40,000.00
2022-9-9	D0004	朗讯公司	70,000.00	2022-12-8	否	70,000.00
2022-9-14	A0003	全亚集团	26,000.00	2022-12-13	否	26,000.00
2022-9-26	A0002	美环科技	78,000.00	2022-12-25	否	78,000.00
2022-10-1	B0001	兴盛数码	68,000.00	2022-12-30	否	68,000.00
2022-10-2	C0002	科达集团	26,000.00	2022-12-31	否	26,000.00
2022-10-6	C0003	安跃科技	45,600.00	2023-1-4	否	45,600.00
2022-11-5	D0003	腾恒公司	3,700.00	2023-2-3	否	3,700.00
2022-11-5	D0002	迈风实业	58,000.00	2023-2-3	否	58,000.00
2022-11-18	D0004	朗讯公司	59,000.00	2023-2-16	否	59,000.00

图 5-61　设置应收账款到期前一周自动提醒

2. 汇总统计各客户“未到期金额”

汇总统计各客户“未到期金额”，如图 5-62 所示。

应收账款明细表

日期	客户代码	客户名称	应收金额	应收账款期限	是否到期	未到期金额
		安跃科技 汇总				45,600.00
		科达集团 汇总				26,000.00
		朗讯公司 汇总				129,000.00
		联华实业 汇总				40,000.00
		联同实业 汇总				0.00
		迈风实业 汇总				58,000.00
		美环科技 汇总				78,000.00
		全亚集团 汇总				56,000.00
		腾恒公司 汇总				3,700.00
		兴盛数码 汇总				68,000.00
		总计				504,300.00

图 5-62　汇总统计各客户“未到期金额”

项目 20　财务报表管理

示例文件	
	原始文件：示例文件\素材文件\项目 20\资产负债表.xlsx
	效果文件：示例文件\效果文件\项目 20\资产负债表.xlsx

5.20.1　项目背景

企业的财务部经常需要填报各类财务报表来反映企业的经营状况，其中不仅涉及的数据量较多，运算量也较大，而且与资金和费用相关，务求计算准确。

资产负债表是企业的三大对外报送报表之一，是反映企业在某一特定日期（如月末、季末、年末）全部资产、负债和所有者权益情况的会计报表，是企业经营活动的静态体现，它是根据“资产=负债+所有者权益”这一平衡公式，依照一定的分类标准和一定的次序，将某一特定日期的资产、负债、所有者权益的具体项目予以适当的排列编制而成的。本项目将通过制作“资产负债表”来介绍

Excel 在财务报表管理方面的应用。

5.20.2　项目效果

图 5-63 所示为“资产负债表”效果图。

资产负债表

2022年8月31日

单位名称:　　　　　　　　　　　　　　　　　　金额单位：元

资产	上年数	本年数	负债及所有者权益	上年数	本年数
货币资金	502,787.46	509,669.90	短期借款	20,000,000.00	20,000,000.00
短期投资			应付票据		
应收票据	1,000,000.00	910,000.00	应付账款	20,602,823.42	21,073,949.17
应收账款	6,282,250.07	8,823,919.24	预收账款		
减:坏账准备			应付工资	465,772.20	568,852.00
应收账款净额	6,282,250.07	8,823,919.24	应付福利费	458,035.73	425,463.39
预付账款			应付股利	805,020.25	805,020.25
其他应收款	2,507,120.10	2,098,326.76	未交税金	139,109.39	1,167,322.40
存货	5,060,676.84	5,509,392.21	其他未交款	4,757.75	16,528.88
待摊费用		1,722.00	其他应付款	743,295.67	477,297.86
待处理流动资产净损失	23,427,308.42	24,238,186.17	预提费用	2,324.01	441.10
流动资产合计	38,780,142.89	42,091,216.28	一年内到期的长期负债		
长期投资	14,690,000.00	14,690,000.00	流动负债合计	43,221,138.42	44,534,875.05
固定资产原值	23,597,672.95	22,904,721.56	长期借款	9,770,481.36	9,770,481.36
减:累计折旧	2,010,315.44	1,141,361.59	应付债券		
固定资产净值	21,587,357.51	21,763,359.97	长期应付款		
固定资产清理		132,351.57	其他长期负债		
专项工程支出		335,321.39	长期负债合计	9,770,481.36	9,770,481.36
待处理固定资产净损失			递延税款贷项		
固定资产合计	21,587,357.51	22,231,032.93	负债合计	52,991,619.78	54,305,356.41
无形资产	13,576,114.16	13,303,453.24	实收资本	30,000,000.00	30,000,000.00
递延资产			资本公积	831,780.66	992,205.60
其他长期资产			盈余公积	479,609.16	1,209,659.24
固定及无形资产合计	35,163,471.67	35,534,486.17	其中:公益金		
递延税款借项			未分配利润	4,330,604.96	5,808,481.20
			所有者权益合计	35,641,994.78	38,010,346.04
资产总计	88,633,614.56	92,315,702.45	负债及所有者权益合计	88,633,614.56	92,315,702.45

图 5-63　“资产负债表”效果图

5.20.3　知识与技能

- 新建工作簿
- 重命名工作表
- 设置数据格式
- 公式的使用
- 单元格的引用

5.20.4　解决方案

任务 1　新建工作簿，重命名工作表

（1）启动 Excel 2016，新建一个空白工作簿。

（2）将新建的工作簿重命名为“资产负债表”，并将其保存在“D:\公司文档\财务部”文件夹中。

（3）将“Sheet1”工作表重命名为“资产负债表”。

任务 2　输入表格标题

（1）在 B1 单元格中输入表格标题“资产负债表”。

（2）选中 B1:G1 单元格区域，单击“开始”→“对齐方式”→“合并后居中”按钮。

（3）设置标题字体为“隶书”、字号为“20”、字体颜色为“深蓝”，并添加下画线。

任务 3　输入建表日期及单位

（1）在 B2 单元格中输入建立表格的日期"2022 年 8 月 31 日"。

（2）选中 B2:G2 单元格区域，单击"开始"→"对齐方式"→"合并后居中"按钮。

（3）将建表日期的字号设置为"10"。

（4）将第 2 行的行高设置为"20"。

（5）在 B3 和 G3 单元格中分别输入"单位名称："和"金额单位：元"。

（6）将鼠标指针移到 G 列和 H 列中间，当鼠标指针变为"↔"形状时，双击，可自动调整 G 列的列宽。

建立好的"资产负债表"的表头部分如图 5-64 所示。

图 5-64　"资产负债表"的表头部分效果图

任务 4　输入表格各个字段标题

（1）参照图 5-65，在 B4:G4、B5:B31 和 E5:E31 单元格区域中输入各个字段的标题。

（2）调整 B 列和 E 列的列宽，使其能完全地显示所有的数据。

图 5-65　输入表格各个字段的标题及调整列宽

任务 5　输入表格数据

（1）参照图 5-66，在 C5:D8、C12:D15、C17:D22 和 C25:D25 单元格区域中输入上年和本年资产类数据。

（2）参照图 5-66，在 F5:G15、F18:G18 和 F25:G29 单元格区域中输入负债及所有者权益数据。

	A	B	C	D	E	F	G
1				**资产负债表**			
2				2022年8月31日			
3		单位名称：					金额单位: 元
4		资产	上年数	本年数	负债及所有者权益	上年数	本年数
5		货币资金	502787.46	509669.9	短期借款	20000000	20000000
6		短期投资			应付票据		
7		应收票据	1000000	910000	应付账款	20602823.42	21073949.17
8		应收账款	6282250.07	8823919.24	预收账款		
9		减:坏账准备			应付工资	465772.2	568852
10		应收账款净额			应付福利费	458035.73	425463.39
11		预付账款			应付股利	805020.25	805020.25
12		其他应收款	2507120.1	2098326.76	未交税金	139109.39	1167322.4
13		存货	5060676.84	5509392.21	其他未交款	4757.75	16528.88
14		待摊费用		1722	其他应付款	743295.67	477297.86
15		待处理流动资产净损失	23427308.42	24238186.17	预提费用	2324.01	441.1
16		流动资产合计			一年内到期的长期负债		
17		长期投资	14690000	14690000	流动负债合计		
18		固定资产原值	23597672.95	22904721.56	长期借款	9770481.36	9770481.36
19		减:累计折旧	2010315.44	1141361.59	应付债券		
20		固定资产净值	21587357.51	21763359.97	长期应付款		
21		固定资产清理		132351.57	其他长期负债		
22		专项工程支出		335321.39	长期负债合计		
23		待处理固定资产净损失			递延税款贷项		
24		固定资产合计			负债合计		
25		无形资产	13576114.16	13303453.24	实收资本	30000000	30000000
26		递延资产			资本公积	831780.66	992205.6
27		其他长期资产			盈余公积	479609.16	1209659.24
28		固定及无形资产合计			其中:公益金		
29		递延税款借项			未分配利润	4330604.96	5808481.2
30					所有者权益合计		
31		资产总计			负债及所有者权益合计		

图 5-66　输入"资产负债表"数据

如果有需要，可以调整相应的列宽以便能完全地显示所有的数据。

任务 6　设置单元格数据格式

（1）选中 C5:D31 单元格区域，按住"Ctrl"键，再选中 F5:G31 单元格区域。

（2）单击"开始"→"单元格格式"→"格式"按钮，从弹出的下拉菜单中选择"设置单元格格式"命令，打开"设置单元格格式"对话框。

（3）打开"数字"选项卡，从左侧的"分类"列表中选择"数值"，在右侧保持默认的小数位数"2"，并勾选"使用千位分隔符"复选框，如图 5-67 所示。

（4）单击"确定"按钮，完成格式设置。

任务 7　设置表格格式

（1）选中 B4:G4 单元格区域，设置选定区域的背景颜色为标准色"蓝色"，设置字体颜色为"白色,背景 1"，设置对齐方式为"垂直居中"、"水平居中"。

（2）选中 B4:G31 单元格区域，设置单元格区域的外边框为蓝色双实线、内边框为蓝色虚线。

任务 8　设置合计项目单元格格式

（1）选中 B10:D10、B16:D16、B24:D24、B28:D28、B31:D31、E17:G17、E22:G22、E24:G24 和 E30:G31 单元格区域。

（2）将选定的单元格区域填充色设置为"蓝色，个性色5，淡色60%"。

图5-67 "设置单元格格式"对话框

（3）选中B10、B16、B24、B28、B31、E17、E22、E24单元格和E30:G31单元格区域，将其设置为居中对齐，如图5-68所示。

	A	B	C	D	E	F	G	H
1				资产负债表				
2				2022年8月31日				
3		单位名称:					金额单位: 元	
4		资产	上年数	本年数	负债及所有者权益	上年数	本年数	
5		货币资金	502,787.46	509,669.90	短期借款	20,000,000.00	20,000,000.00	
6		短期投资			应付票据			
7		应收票据	1,000,000.00	910,000.00	应付账款	20,602,823.42	21,073,949.17	
8		应收账款	6,282,250.07	8,823,919.24	预收账款			
9		减:坏账准备			应付工资	465,772.20	568,852.00	
10		应收账款净额			应付福利费	458,035.73	425,463.39	
11		预付账款			应付股利	805,020.25	805,020.25	
12		其他应收款	2,507,120.10	2,098,326.76	未交税金	139,109.39	1,167,322.40	
13		存货	5,060,676.84	5,509,392.21	其他未交款	4,757.75	16,528.88	
14		待摊费用		1,722.00	其他应付款	743,295.67	477,297.86	
15		待处理流动资产净损失	23,427,308.42	24,238,186.17	预提费用	2,324.01	441.10	
16		流动资产合计			一年内到期的长期负债			
17		长期投资	14,690,000.00	14,690,000.00	流动负债合计			
18		固定资产原值	23,597,672.95	22,904,721.56	长期借款	9,770,481.36	9,770,481.36	
19		减:累计折旧	2,010,315.44	1,141,361.59	应付债券			
20		固定资产净值	21,587,357.51	21,763,359.97	长期应付款			
21		固定资产清理		132,351.57	其他长期负债			
22		专项工程支出		335,321.39	长期负债合计			
23		待处理固定资产净损失			递延税款贷项			
24		固定资产合计			负债合计			
25		无形资产	13,576,114.16	13,303,453.24	实收资本	30,000,000.00	30,000,000.00	
26		递延资产			资本公积	831,780.66	992,205.60	
27		其他长期资产			盈余公积	479,609.16	1,209,659.24	
28		固定及无形资产合计			其中:公益金			
29		递延税款借项			未分配利润	4,330,604.96	5,808,481.20	
30					所有者权益合计			
31		资产总计			负债及所有者权益合计			
32								

图5-68 设置合计项目单元格的填充色

任务9　计算合计项目

（1）计算"应收账款净额"。

① 单击选中 C10 单元格，输入公式"= C8-C9"，按"Enter"键确认。

② 使用填充柄将公式复制到 D10 单元格。

　应收账款净额 = 应收账款-坏账准备。

（2）计算"流动资产合计"。

① 单击选中 C16 单元格，输入公式"= SUM(C5:C7)+SUM(C10:C15)"，按"Enter"键确认。

② 使用填充柄将公式复制到 D16 单元格。

　流动资产合计 = 货币资金+短期投资+应收票据+应收账款净额+预付账款+其他应收款+存货+待摊费用+待处理流动资产净损失。

（3）计算"固定资产合计"。

① 单击选中 C24 单元格，输入公式"= SUM(C20:C23)"，按"Enter"键确认。

② 使用填充柄将公式复制到 D24 单元格。

　固定资产合计=固定资产净值+固定资产清理+专项工程支出+待处理固定资产净损失。

（4）计算"固定及无形资产合计"。

① 单击选中 C28 单元格，输入公式"= SUM(C24:C27)"，按"Enter"键确认。

② 使用填充柄将公式复制到 D28 单元格。

　固定及无形资产合计 = 固定资产合计+无形资产+递延资产+其他长期资产。

（5）计算"资产总计"。

① 单击选中 C31 单元格，输入公式"= SUM(C16,C17,C28,C29)"，按"Enter"键确认。

② 使用填充柄将公式复制到 D31 单元格，此时，D31 单元格的右下角会出现"自动填充选项"按钮，单击该按钮，从弹出的列表中选择"不带格式填充"。

活力小贴士 　资产总计＝流动资产合计＋长期投资＋固定及无形资产合计＋递延税款借项。

计算完成后的资产类数据结果如图 5-69 所示。

	资产	上年数	本年数	负债及所有者权益	上年数	本年数
			资产负债表			
			2022年8月31日			
	单位名称：					金额单位：元
	资产	上年数	本年数	负债及所有者权益	上年数	本年数
5	货币资金	502,787.46	509,669.90	短期借款	20,000,000.00	20,000,000.00
6	短期投资			应付票据		
7	应收票据	1,000,000.00	910,000.00	应付账款	20,602,823.42	21,073,949.17
8	应收账款	6,282,250.07	8,823,919.24	预收账款		
9	减:坏账准备			应付工资	465,772.20	568,852.00
10	应收账款净额	6,282,250.07	8,823,919.24	应付福利费	458,035.73	425,463.39
11	预付账款			应付股利	805,020.25	805,020.25
12	其他应收款	2,507,120.10	2,098,326.76	未交税金	139,109.39	1,167,322.40
13	存货	5,060,676.84	5,509,392.21	其他未交款	4,757.75	16,528.88
14	待摊费用		1,722.00	其他应付款	743,295.67	477,297.86
15	待处理流动资产净损失	23,427,308.42	24,238,186.17	预提费用	2,324.01	441.10
16	流动资产合计	38,780,142.89	42,091,216.28	一年内到期的长期负债		
17	长期投资	14,690,000.00	14,690,000.00	流动负债合计		
18	固定资产原值	23,597,672.95	22,904,721.56	长期借款	9,770,481.36	9,770,481.36
19	减:累计折旧	2,010,315.44	1,141,361.59	应付债券		
20	固定资产净值	21,587,357.51	21,763,359.97	长期应付款		
21	固定资产清理		132,351.57	其他长期负债		
22	专项工程支出		335,321.39	长期负债合计		
23	待处理固定资产净损失			递延税款贷项		
24	固定资产合计	21,587,357.51	22,231,032.93	负债合计		
25	无形资产	13,576,114.16	13,303,453.24	实收资本	30,000,000.00	30,000,000.00
26	递延资产			资本公积	831,780.66	992,205.60
27	其他长期资产			盈余公积	479,609.16	1,209,659.24
28	固定及无形资产合计	35,163,471.67	35,534,486.17	其中:公益金		
29	递延税款借项			未分配利润	4,330,604.96	5,808,481.20
30				所有者权益合计		
31	资产总计	88,633,614.56	92,315,702.45	负债及所有者权益合计		
32						

图 5-69　计算完成后的资产类数据结果

（6）计算"流动负债合计"。

① 单击选中 F17 单元格，输入公式" = SUM(F5:F16)"，按"Enter"键确认。

② 使用填充柄将公式复制到 G17 单元格，此时，G17 单元格的右下角会出现"自动填充选项"按钮，单击该按钮，从弹出的列表中选择"不带格式填充"。

活力小贴士 　流动负债合计＝短期借款＋应付票据＋应付账款＋预收账款＋应付工资＋应付福利费＋应付股利＋未交税金＋其他未交款＋其他应付款＋预提费用＋一年内到期的长期负债。

（7）计算"长期负债合计"。

① 单击选中 F22 单元格，输入公式" = SUM(F18:F21)"，按"Enter"键确认。

② 使用填充柄将公式复制到 G22 单元格，此时，G22 单元格的右下角会出现"自动填充选项"按钮，单击该按钮，从弹出的列表中选择"不带格式填充"。

（8）计算"负债合计"。

① 单击选中 F24 单元格，输入公式"＝SUM(F17,F22:F23)"，按"Enter"键确认。

② 使用填充柄将公式复制到 G24 单元格，此时，G24 单元格的右下角会出现"自动填充选项"按钮，单击该按钮，从弹出的列表中选择"不带格式填充"。

（9）计算"所有者权益合计"。

① 单击选中 F30 单元格，输入公式"＝SUM(F25:F27,F29)"，按"Enter"键确认。

② 使用填充柄将公式复制到 G30 单元格，此时，G30 单元格的右下角会出现"自动填充选项"按钮，单击该按钮，从弹出的列表中选择"不带格式填充"。

（10）计算"负债及所有者权益合计"。

① 单击选中 F31 单元格，输入公式"＝SUM(F24,F30)"，按"Enter"键确认。

② 使用填充柄将公式复制到 G31 单元格，此时，G31 单元格的右下角会出现"自动填充选项"按钮，单击该按钮，从弹出的列表中选择"不带格式填充"。

计算完成后的数据结果如图 5-63 所示。

5.20.5　项目小结

本项目通过制作公司的"资产负债表"，介绍了"资产负债表"的构成和编制方法，以及利用公式和函数等来协助制作"资产负债表"。同时，本项目介绍了数据格式的设置、数据表的格式设置、数据填充等操作。

5.20.6 拓展项目

1. 制作公司"利润表"

公司"利润表"效果图如图 5-70 所示。

	利润表		
	2022年8月31		
单位名称		金额单位：元	
项目名称	上年数	本年数	
一、主营业务收入	35,671,239.78	40,661,764.32	
减：主营业务成本	31,992,135.88	33,969,413.03	
主营业务税金及附加	1,177,817.68	1,354,036.74	
二、主营业务利润	2,501,286.22	5,338,314.55	
加：其他业务利润	32,901.00		
减：营业费用			
管理费用	1,812,699.24	1,353,908.78	
财务费用	466,649.72	234,215.26	
三、营业利润	254,838.26	3,750,190.51	
加：投资收益			
补贴收入			
营业外收入			
减：营业外支出	53,929.00	99,940.11	
四、利润总额	200,909.26	3,650,250.40	
减：所得税	68,396.47	1,341,838.20	
五、净利润	132,512.79	2,308,412.20	
加：年初未分配利润			
其他转入			
六、可供分配的利润	132,512.79	2,308,412.20	
减：提取法定盈余公积			
提取法定公益金			
提取职工奖励及福利基金			
提取储备基金			
提取企业发展基金			
利润归还投资			
七、可供投资者分配的利润	132,512.79	2,308,412.20	
减：应付优先股股利			
提取任意盈余公积			
应付普通股股利			
转作资本的普通股股利			
八、未分配利润	132,512.79	2,308,412.20	

图 5-70 公司"利润表"效果图

2. 制作公司"预算申请表"

公司"预算申请表"效果图如图 5-71 所示。

公司2023年度预算申请表

	编制日期：	2022-10-31
部门	**预算开支项目**	**预算支出**
	总计	**2,989,000.00**
行政部	合计	37,000.00
	车辆费用	15,000.00
	食堂费用	12,000.00
	固话及管理人员通讯费	5,000.00
	职工劳保费用	4,000.00
	办公用品	1,000.00
人力资源部	合计	2,664,000.00
	员工保险费用	59,000.00
	员工工资	2,500,000.00
	招聘	15,000.00
	培训费用	35,000.00
	各项福利费用	55,000.00
市场部	合计	61,000.00
	差旅费	26,000.00
	招待费	12,000.00
	宣传册印刷费	23,000.00
物流部	合计	49,000.00
	仓储操作	7,000.00
	包装费用	5,000.00
	运输费	15,000.00
	库房改造	22,000.00
财务部	合计	178,000.00
	打印机	3,000.00
	电费	20,000.00
	各种税费	55,000.00
	还借款	100,000.00

预算员：　　　　　　　　　　　　　审批：

图 5-71　公司"预算申请表"效果图